Denn Sie wissen, was Sie tun

Anja Henningsmeyer hat sich in vielen Berufen bewährt: als Journalistin, Managerin von Filmfestivals und als Inhaberin einer Bildagentur in Hong Kong, wo sie das Verhandeln in all seinen Varianten gelernt hat. Heute leitet sie die hessische Film- und Medienakademie und gibt bundesweit Seminare für erfolgreiches Verhandeln, speziell auch für Frauen.

Anja Henningsmeyer

DENN SIE WISSEN, WAS SIE TUN

Wie Frauen erfolgreich verhandeln

Campus Verlag
Frankfurt/New York

Für meine Eltern Ingrid und Gerhard,
die mich werden ließen, was ich werden wollte.
Obwohl sie eigentlich andere Ideen hatten.

ISBN 978-3-593-51050-7 Print
ISBN 978-3-593-44118-4 E-Book (PDF)
ISBN 978-3-593-44129-0 E-Book (EPUB)

Copyright © 2019 Campus Verlag GmbH, Frankfurt am Main
Umschlaggestaltung: Zeichenpool, München
Satz: Fotosatz L. Huhn, Linsengericht
Gesetzt aus: Minion Pro und Kabel
Druck und Bindung: Beltz Grafische Betriebe GmbH, Bad Langensalza
Printed in Germany

www.campus.de

Inhalt

Verhandeln Frauen wirklich anders als Männer?

Ein Buch über erfolgreiches Verhandeln speziell für Frauen – haben Frauen von heute das überhaupt noch nötig? Sie wissen doch, was sie können und was sie wollen, und sie sind fähig, sich kompetent und sachbezogen dafür einzusetzen.

Gleichzeitig gilt aber auch: Frauen verdienen auch heute noch oft weniger als Männer – bei gleichen Tätigkeiten. Nach einer Studie der Glassdoor Economic Research Group vom März 2016 beträgt der *Gender Pay Gap* in Deutschland 5,5 Prozent. So viel verdienen Frauen im Schnitt weniger als ihre männlichen Kollegen – bei gleicher Ausbildung, bei identischen Tätigkeiten.

Liegt es daran, dass Frauen weniger qualifiziert sind als Männer? Nein. Weil sie weniger Leistung bringen? Keineswegs.

Der Grund: Frauen verhandeln anders als Männer. Die Wirtschaftsprofessorin Linda Babcock und ihre Kolleginnen haben Gründe dafür ans Licht gebracht:

- Frauen sind im Allgemeinen weniger bereit, Verhandlungen zu initiieren, wenn der Verhandlungspartner männlich ist.
- Frauen berichten über größere Ängste beim Verhandeln.
- Frauen sind im Vergleich zu Männern weniger geneigt, Situationen überhaupt als verhandelbar wahrzunehmen.
- Und Frauen leben in dem Irrtum, sich mit hohen Forderungen die Beziehung zum Verhandlungspartner zu verderben.

All das finde ich in meinem Berufsleben immer wieder bestätigt. Gründe genug für dieses Buch.

Frauen erkennen in Verhandlungen oft nicht, was unterschwellig passiert, wenn sie mit Menschen zu tun haben, die ganz anders kommunizieren als sie selbst: dominant statt kooperativ, aggressiv statt empathisch, statusbewusst statt beziehungsorientiert. Nur wer die Gesetzmäßigkeiten durchschaut, die in Verhandlungen mit Führungskräften (in vielen Branchen noch immer männlich) und Menschen mit Ellenbogenmentalität (durchaus auch weiblich) ablaufen, kann angemessen und souverän darauf reagieren und Verhandlungen in seinem Sinn steuern. Dafür liefert dieses Buch das nötige Rüstzeug.

Viel Erfolg beim Verhandeln!
Ihre Anja Henningsmeyer

1. Was Ihnen dieses Buch bringt

»Anja, kannst du mal kommen?«, rief mein Chef quer über den Flur, und der Tonfall verriet: Es gab etwas zu klären. Er saß hinter seinem Schreibtisch, zeigte auf den Computerbildschirm und fragte: »Was meinst du damit?« Ich trat hinter ihn, blickte über seine Schulter und erkannte die E-Mail, die ich an eine Mitarbeiterin geschrieben hatte. Es betraf eine Entscheidung, die ich nicht mit ihm abgestimmt hatte, eine Kleinigkeit, gemessen an dem, was sonst in meiner Entscheidungshoheit lag. Neben ihm stehend, erklärte ich ihm meine Beweggründe. Er hatte seine Einwände. Während er sprach, stand er auf, ging um den Schreibtisch herum, und dann endete unser Gespräch plötzlich in einer Weise, die sich mir tief ins Gedächtnis einbrannte: Zornig starrte er mich an und und rief aufgebracht: »Schließlich bin hier immer noch ich der Chef!« Da stand ich nun und verstand die Welt nicht mehr. Wieso war er so ausgerastet? Es ging doch nur um eine Kleinigkeit …

Ich brauchte eine ziemliche Weile, ehe ich die Situation entschlüsselt hatte – und meinen Anteil an seiner Wut verstand. Dies ist ein Beispiel für eine Vielzahl von Situationen aus dem Büroalltag, die wir nicht als Verhandlung erkennen, weil wir übersehen, was wir unausgesprochen immer noch alles mitverhandeln. Aber genau dieses Nichterkennen kann unseren Arbeitsalltag und die Beziehung zu Kollegen und Vorgesetzten nachhaltig trüben.

Konflikte sind die reichhaltigste Kommunikation, die wir Menschen miteinander haben. Und Verhandlungen sind Konflikte: Eine oder mehrere Personen haben gegensätzliche Interessen oder Standpunkte.

Ich habe in meinem vielfältigen Berufsleben in Hamburg, Berlin, Frankfurt, China und Hong Kong gelebt und gearbeitet, und ich hatte das »Glück«, noch weitere Verhandlungen zu erleben, die so daneben gingen wie die oben geschilderte. Verhandlungen, die wehtaten und mich ratlos zurückließen. Aus purem Überlebenswillen heraus begann ich, mich mit professionellen Verhandlungsstrategien zu beschäftigen. Ich wollte verstehen, woran meine Verhandlungen scheiterten und was ich tun könnte, damit sie besser laufen. Zudem wollte ich mich nicht mehr Gesprächspartnern ausgeliefert sehen, die mir »irrational« oder »unfair« vorkamen. Verhandlungspartner wie mein einstiger, oben erwähnter Chef zum Beispiel.

Was war der Grund für seine wütende Reaktion gewesen, die in meinen Augen in keinem Verhältnis stand zu der Kleinigkeit, die wir verhandelt hatten?

Ich hatte meinem Chef sein Territorium streitig gemacht. Ich hatte hinter *seinem* Schreibtisch gestanden, und damit hatte ich ihm sein Territorium *und* seinen Status streitig gemacht! Und das, nachdem ich zuvor eine Entscheidung getroffen hatte, ohne ihn zu konsultieren (die Wichtigkeit der Entscheidung spielte dabei keine Rolle). Es war also *Statusbedrohung* pur, die von mir – völlig ohne Absicht – ausgegangen war. (In Kapitel 5 und 26 erfahren Sie mehr darüber.)

Und warum hatte ich das nicht kapiert? Weil ich seinerzeit – unerfahren, flache Hierarchien gewohnt und sach- und beziehungsorientiert – keine Vorstellung davon hatte, wie es jemandem geht, der seinen Status bedroht sieht. Hätte ich damals schon gewusst, was ich heute weiß, hätte ich nach einem kurzen Blick über seine Schulter den Platz hinter seinem Schreibtisch sofort wieder verlassen, um ihn nicht auf territorialer Ebene zu provozieren.

Typisch Frau? Typisch Frau!

Wenn Sie ebenfalls ein eher gering ausgeprägtes Statusbedürfnis haben, so wie ich damals, haben Sie vielleicht schon ähnliche Situationen erlebt. Denn Verhandlungen werden keineswegs nur mit dem Denkhirn geführt, und es geht immer um mehr als nur um Forderungen, die wir in Worte fassen. Verhandlungen führen wir mit unserer ganzen Person, mit vielen tiefverwurzelten Bedürfnissen und archaischen Verhaltensweisen. »Ohne tiefes Verständnis der menschlichen Psychologie, ohne die Akzeptanz, dass wir alle verrückte, irrationale, impulsive und gefühlsgesteuerte Tiere sind, hilft uns bloße Intelligenz und mathematische Logik wenig im nervenaufreibenden Wechselspiel zweier Menschen, die verhandeln.«[1] Eine Einsicht des erfahrenen FBI-Verhandlers Chris Voss, die sich uneingeschränkt mit meinen Erfahrungen deckt.

Wer sich in den Dschungel wagt, muss damit rechnen, gefressen zu werden, lautet die nüchterne Erkenntnis einer Freundin, die früher Geschäftsführerin der berühmten Filmstudios in Babelsberg war. Leider kümmern wir Frauen uns oft zu wenig um die Gesetze des Businessdschungels. Weil wir dem Irrtum aufsitzen, wir würden in einer Welt leben, in der das rationale Denken regiert und kooperatives Zusammenarbeiten zählt. Dem ist aber nicht so.

Ich lade Sie deshalb ein, liebe Leserin: Schaffen Sie sich in diesem Buch die Überlebenstricks drauf, die Sie brauchen, um bei Verhandlungen mit impulsgesteuerten und irrationalen Exemplaren der menschlichen Spezies nicht gefressen zu werden – Tricks, die Ihnen helfen, den Verhandlungsdschungel heil zu durchqueren und reiche Beute nach Hause zu tragen.

Werden Sie zu einer geschickten Verhandlerin, die weiß, was sie tut! Verhandeln Sie auch da noch geplant und mit kühlem Kopf, wo Ihr Verhandlungspartner schon im Dschungelmodus agiert. Damit Sie sich in Zukunft nicht von trommelnden Alphatierchen einschüchtern lassen, sondern Ihre Verhandlungen gut vorbereitet, klarsichtig und mit Einsatz des Denkhirns steuern. Dazu sollten Sie, kurz gefasst, Folgendes können:

- Mit einer selbstbewussten Haltung in die Verhandlung gehen. Das erreichen Sie durch eine systematische Vorbereitung.
- Fähig sein, die wahren Interessen Ihres Verhandlungspartners zu erkennen. Die geschärfte Wahrnehmung für unterschwellige Kommunikationen gewinnen Sie durch die Fallbeispiele in diesem Buch.
- Ein Verständnis dafür entwickeln, was Verhandlungserfolge wirklich ausmacht. Dafür finden Sie in diesem Buch hilfreiche Fragen und Tipps, wie Sie Ihre mentale Haltung und Ihre eigenen Reaktionen steuern können – und die Ihrer Verhandlungspartner.

Dies alles sind Verhaltensweisen, die Sie genauso lernen können, wie ich sie gelernt habe – und die auch eher schüchternen oder introvertierten Persönlichkeiten (wie mir) helfen, sich durchzusetzen.

Meine Tipps eignen sich sowohl für Frauen, die mit geschicktem Verhandeln etwas für sich persönlich erreichen wollen – mehr Geld, andere Arbeitszeiten, einen günstigen Autokauf –, als auch für Frauen, die im Auftrag ihrer Firma große Deals einfädeln. Ob Sie angestellt, selbstständig oder Unternehmerin sind, spielt dabei keine Rolle: Jeder kann von diesen Tipps profitieren. Denn sie resultieren aus allgemeingültigem Praxiswissen aus dem realen Leben. Alle Geschichten, die ich erzähle, sind tatsächlich passiert: mir oder Kolleginnen und Kollegen. Zum Schutz der Personen und Institutionen wurden allerdings sämtliche Namen verändert. Das Gute daran ist: Sie können aus den Fehlern anderer lernen – Sie müssen sie nicht selbst machen.

Ich selbst bin keine gewiefte FBI-Verhandlerin oder eine jener Topmanagerinnen, die täglich um Millionen Euro oder Tausende Arbeitsplätze verhandeln. Meine Erfahrungen kommen aus der Welt von mittleren und leitenden Angestellten und aus der von Selbstständigen verschiedener Branchen – aus jenen Lebens- und Arbeitswelten also, in denen ich selbst im Laufe meines Lebens tätig war. Und auch wenn ich mittlerweile an zahlreichen Hochschulen, in Unternehmen und Organisationen Seminare gebe, ist dieses Buch kein wissenschaftliches Werk: Es ist aus der Praxis für die Praxis geschrieben – für *Ihre* Praxis!

Mein besonderes Interesse gilt dem Verhandlungsverhalten von Frauen. Dies ist dank diverser sogenannter Genderstudien mittlerweile recht gut erforscht. An den interessantesten Forschungsergebnissen werde ich Sie in diesem Buch teilhaben lassen – und auch an Erkenntnissen aus der zeitgenössischen Hirnforschung. Immer insoweit, wie sie zum tieferen Verständnis der Methoden beitragen, die ich Ihnen in diesem Buch vorstelle, Methoden, die ich und meine Kolleginnen und Kollegen in der Alltagsrealität erprobt haben. Sie bekommen in diesem Buch also geballtes Erfahrungswissen.

Dem Lesefluss zuliebe habe ich übrigens meist auf die Schreibweise der *innen, /innen oder _innen verzichtet. Mein Feminismus inkludiert

Frauen ganz selbstverständlich in *jeglicher* Schriftform. Ungeachtet biologischer, kultureller oder sonstiger Unterschiede sind wir doch vor allem eines: Mensch. Der Mensch. Das ist mir wichtig.

Wenn Sie jetzt noch unschlüssig sind, ob Ihnen dieses Buch etwas bringen kann, dann testen Sie Ihren Bedarf anhand dieser vier Aussagen:

- Ich habe keine Angst zu verhandeln, ich gehe selbstsicher in Verhandlungsgespräche.
- Ich weiß, wie ich mich systematisch auf Verhandlungen vorbereite.
- Wenn eine Verhandlung nicht läuft wie geplant, weiß ich, was ich tun kann.
- Ich verlasse Verhandlungen selten mit dem Gefühl, nicht genug erreicht zu haben.

Wenn weniger als drei Aussagen auf Sie zutreffen, dann gibt es in diesem Buch viel Ermutigendes für Sie zu entdecken! Sie können die einzelnen Kapitel übrigens unabhängig voneinander lesen, wie einzelne Kurzgeschichten. Zusammengenommen ergeben sie das Handbuch der Überlebenstricks für Ihren Weg durch den Verhandlungsdschungel.

MINDSET

2. Warum Frauen oft zu zaghaft über ihr Geld verhandeln

Neulich streikte mein Mobiltelefon. Der Akku war leer, das Ladekabel hinüber. Wo kriegte ich jetzt bloß schnell für mein altes iPhone ein neues Ladekabel her? Im Internet gab es eines zum Preis von 1,99 Euro. Die Lieferung sollte allerdings mindestens zwei Tage dauern. Das hätte bedeutet: Die Fotos für den Newsletter, die noch auf dem Mobiltelefon waren, nicht herunterladen laden zu können, die erwarteten Anrufe für Terminvereinbarungen würden ins Leere laufen, zwei Tage lang würde ich telefonisch nicht mehr erreichbar sein ...

Ich wurde zunehmend nervös. Also klapperte ich vor dem nächsten Termin noch einige Läden ab. Beim Mediensupermarkt: Fehlanzeige. Im Telekommunikationsgeschäft ebenso. Doch bei einem kleinen, vollgestopften Secondhand-Phoneshop hatte ich Glück. »Klar haben wir das da«, sagte der Verkäufer. Ich war überglücklich und kaufte das Kabel für 12,50 Euro. Der Preis war mir egal. Ich war einfach froh, mein Problem gelöst zu haben, und suchte mir bei der anschließenden Veranstaltung in einer stillen Ecke eine Steckdose, mittels der ich mein smartes Ding wieder zum Leben erwecken konnte.

Was erzählt uns diese kleine Geschichte über Preise und Menschen? Erstens: Preise sind in hohem Maße fiktiv. Es sind zunächst einmal nur Zahlen. In diesem Fall: 12,50 Euro versus 1,99 Euro.

Zweitens: Was ich bereit bin zu zahlen, hängt davon ab, wie viel mir das, was ich erwerben will, wert ist. Die 12,50 Euro waren es mir in dem Moment wert, mein Erreichbarkeitsproblem sofort, ohne Wartezeit, lösen zu können. Es zählt also keineswegs immer der günstigste Betrag. Das sollten Sie jedes Mal im Hinterkopf haben, wenn Sie – egal über was – verhandeln! Es zählt viel mehr, ob Sie das Problem Ihres

Gegenübers lösen können. Und wie dringend Ihr Gegenüber Sie zur Problemlösung braucht. Dazu später mehr.

Bleiben wir zunächst beim ersten Punkt. Der ist wichtig, wenn Sie in eine Gehalts- oder Preisverhandlung gehen. Es scheint, dass wir Frauen diese Tatsache, dass Preise = Zahlen sind, immer dann vergessen, wenn wir für uns selbst verhandeln: um *unser* Gehalt oder um die Preise, die wir für *unser* Angebot haben möchten.

Nur so lässt es sich erklären, dass Frauen noch immer weniger verdienen als Männer – für die gleiche Arbeit. Der internationale Begriff dafür ist »Gender Pay Gap«, zu Deutsch: geschlechtsspezifisches Lohngefälle. Nach einer Studie der Glassdoor Economic Research Group vom März 2016[2] beträgt das Lohngefälle zwischen Frauen und Männern in Deutschland 5,5 Prozent. Das heißt, Frauen verdienen 5,5 Prozent weniger als Männer – bei gleichen Tätigkeiten.[3] Das klingt erstmal nicht so viel. Doch lassen Sie mich das kurz an einem Beispiel durchrechnen: Bei einem Monatslohn von 3 000 Euro brutto wären das 165 Euro pro Monat weniger. Macht auf das Jahr bezogen bei zwölf Monatslöhnen 1 980 Euro. Rechnen wir diese Lohndifferenz auf 45 Rentenbeitragsjahre, dann hat eine Frau in dieser Zeit 89 100 Euro weniger verdient als ein männlicher Kollege und bekommt später auch weniger Rente als er.

5,5 Prozent verdienen Frauen in Deutschland also weniger als Männer. Liegt es daran, dass Frauen weniger qualifiziert sind als Männer? Nein. Bringen sie weniger Leistung? Auch das nicht. Was ist dann der Grund für die Lohndifferenz?

Im Wesentlichen sind es zwei Gründe:

Erstens sind Frauen, die ebenso selbstverständlich fordern wie Männer, noch immer eher Ausnahmen.

Zweitens machen Frauen im Gegensatz zu Männern nach meiner Erfahrung oft einen entscheidenden Fehler: Sie denken, mit ihrer Gehalts- oder Honorarforderung würden sie ihre *Leistung* oder ihren *Wert* verhandeln. Doch es geht nur um eine *Zahl*, nämlich die Höhe ihres Gehalts oder Honorars. Nicht mehr und nicht weniger.

Die Zahl, mit der Ihre Leistung vergütet wird, hat aber mit Ihrer Leistung oder Ihrem Wert zunächst gar nichts zu tun. Was Sie daran erkennen, dass dieselbe Arbeit, Dienstleistung oder dasselbe Produkt von verschiedenen Arbeit- oder Auftraggebern oft sehr unterschiedlich vergütet wird. Ihr Angebot kann der Deutschen Bank 10 000 Euro wert sein, ein mittelständischer Betrieb würde Ihnen dafür aber vielleicht nur 2 000 Euro bieten. Machen Sie sich also ganz bewusst: Wenn Sie um Honorare oder Gehälter verhandeln, verhandeln Sie zunächst einmal eine Zahl und nicht *Leistungen* und *Werte*. Schon gar nicht *Ihren Wert* oder *Ihre Leistung*.

So nüchtern sehen das aber meistens nur Männer. Wir Frauen verhandeln mit dem Gehalt oder dem Preis für unsere Dienstleistung oft unbewusst auch unsere ganze Person und unsere Leistung. Damit machen wir uns das Verhandeln unnötig schwer und schüren obendrein noch unsere Angst vorm Scheitern. Denn eine Ablehnung unserer Forderungen würden wir auch auf unsere Person beziehen. Dieses Risiko gehen wir lieber nicht ein. Und fragen gar nicht erst. Das erklärt, warum wir uns manchmal selbst ein Bein stellen und Männer in Sachen Gehalt oft die Nase vorn haben.

Sich trauen zu fragen

Linda Babcock, die als Professorin an der Carnegie Mellon University viel zum Verhalten der Geschlechter beim Verhandeln forscht, fand heraus, dass die Einstiegsgehälter von Berufsanfängerinnen, die einen Master of Business Administration in der Tasche haben, rund 4 000 US-Dollar unter dem lagen, was ihre männlichen Kollegen verdienten. Aus einem einzigen Grund: 57 Prozent der Männer fragten nach einer höheren Entlohnung des ursprünglichen Angebots, während nur 7 Prozent der Frauen gewagt hatten, danach zu fragen. Diejenigen, die fragten – Männer wie Frauen –, erhielten im Durchschnitt 4 053 US-Dollar mehr als die, die nicht gefragt hatten.[4] Wir Frauen verhandeln einfach seltener als Männer in so wichtigen Bereichen wie Gehalt und Beförderung.

Wie viele von uns haben das Verhandeln im Rahmen unserer Berufsausbildung gelernt? Nach meiner Erfahrung die wenigsten. Ich auch nicht. Deshalb habe ich lange nach der Versuch-macht-klug-Methode ge- und verhandelt, inklusiv kostspieliger Irrtümer. Wenn Sie nach der Lektüre dieses Buches das Verhandeln zukünftig systematisch und methodisch angehen, dann tappen Sie nicht mehr in die oben beschriebene Falle, dass Sie mit Ihrem Gehalt und Ihren Honoraren auch Ihre Person verhandeln.

Eine Zahl ist nur eine Zahl

Wenn Ihnen jetzt leichter ums Herz wird, geht es Ihnen wie vielen Frauen in meinen Seminaren. Denn diese Einsicht deckt einen großen unausgesprochenen Irrtum auf, der unsere Verhandlungsfähigkeit oft beeinträchtigt. Fakt ist: Eine Zahl ist eine Zahl. Leistungen und Werte hingegen stehen auf einem anderen Blatt. Es spricht nichts dagegen, dass Sie diese Elemente in der Gehaltsverhandlung geschickt miteinander verknüpfen (siehe Kapitel 9 und 10). Doch die Gehaltshöhe und Leistungen sind nicht ursächlich und schon gar nicht unverrückbar miteinander verknüpft.

Stärken Sie Ihre Verhandlungsfähigkeit mit dieser entscheidenden Erkenntnis! Mit anderen Worten: Machen Sie sich bewusst, dass es bei Gehalts- und Honorarverhandlungen zunächst ganz nüchtern nur ums Geld geht und nicht um Sie. Das erleichtert es Ihnen, mit Forderungen in die Verhandlung zu gehen. Wenn es klappt: wunderbar. Falls es schwierig läuft: Nehmen Sie es nicht persönlich.

Tipp: Das fällt leichter, wenn Sie nicht für sich, sondern für jemanden anderen verhandeln. Zum Beispiel für jemanden aus Ihrer Familie. Oder Ihre nette Kollegin. Stellen Sie sich vor, dass Sie mit der Gehaltserhöhung Ihren Kindern eine Ausbildung bezahlen würden, dass Sie damit Ihren Eltern helfen, einen dringend nötigen Urlaub zu finanzieren, oder dass Sie zugunsten einer Kollegin eine Ungerechtigkeit im Gehaltsgefälle ausgleichen. Es ist nicht entscheidend, wer diese andere Person ist, die Sie sich vorstellen. Es könnte auch Ihr Hund sein. Es geht einfach darum, dass Sie zum Wohle eines anderen verhandeln. Dann sind Sie nämlich emotional weniger verwickelt. Sie sind nicht so leicht angreifbar und können mit kühlem Kopf entspannt, aber beharrlich Ihr Verhandlungsziel verfolgen. Klingt seltsam, finden Sie? Probieren Sie es aus. Es funktioniert wirklich.

3. Wie Sie sich innerlich auf Erfolgskurs bringen

Verhandlungsführung heißt zunächst einmal nichts anderes, als sich selbst zu führen. Erst wenn Sie Ihr eigenes Verhalten im Griff haben, können Sie auch Verhandlungsgespräche steuern. Dazu müssen Sie Einfluss auf Ihr Denken nehmen – und auch auf das, was Sie gar nicht bewusst wahrnehmen. Neueste Forschungen haben bewiesen, dass wir nur etwa 2 Prozent (!) bewusst von dem mitbekommen, was unsere Gehirnzellen miteinander in rasender Geschwindigkeit in den verschiedenen Gehirnregionen kommunizieren. Ein Großteil unseres Denkens besteht aus blitzschnell verschalteten Informationen und Assoziationen, die wir nicht steuern können. Dabei sind es genau diese Verknüpfungen von Erinnerungen, Gefühlen und sogar Bewegungsabläufen, die entscheiden, welche Bedeutung wir dem verleihen, was wir hören oder lesen.[5]

Verhandeln ist die hohe Kunst der Selbstreflexion und des Selbstmanagements. Deshalb geht es in diesem Kapitel darum, wie wir unsere innere Einstellung, unser Mindset, so beeinflussen, dass wir uns optimal verhandlungsfähig machen.

Wenn Sie wirklich effektiv verhandeln wollen, dann sollten Sie bereit sein, Ihre eigene Kommunikation und Wahrnehmung in Frage zu stellen. Und zwar grundsätzlich in Frage zu stellen.

Zum Beispiel mit der folgenden Übung:

Übung

Schließen Sie die Augen und stellen Sie sich einen Hasen vor. Sehen Sie einen vor Ihrem inneren Auge?

Wenn ich im Seminar dann in die Runde frage »Wie sieht Ihr Hase aus?«, bekomme ich vom ersten angesprochenen Teilnehmer schon mal die Antwort:»Na ja – wie so ein Hase eben aussieht: braun, mit langen Ohren.« Aha.

Sehr schnell stellt sich dann heraus, dass andere Seminarteilnehmer ganz andere Hasenbilder vor Augen haben: Da ist das weiße Kaninchen, mit dem jemand als Kind gespielt hat, eine andere denkt an einen Schokoladenosterhasen, wieder andere an die Comicfigur Bugs Bunny. Kurz: Es kommen die verschiedensten Vorstellungen ans Licht, die von den Anwesenden mit dem Wort »Hase« verknüpft werden.[6]

Und jetzt stellen Sie sich mal vor, Sie beginnen eine Verhandlung über Hasen, ohne sich vorher miteinander darüber verständigt zu haben, wie genau Ihr Verhandlungsgegenstand – nämlich der Hase, über den Sie reden – beim jeweiligen Verhandlungspartner aussieht. Reden Sie überhaupt über dasselbe?

Das Hasenbeispiel zeigt: Was in unserem Kopf vor sich geht, wenn wir sprechen, ist geprägt von in unserem Gehirn gespeichertem Wissen und Erfahrungen. Die gleiche Subjektivität gilt sogar für unsere Wahrnehmung, wenn wir einfach nur hingucken. Kognitionsforscher wie Daniel Simons und Daniel Levin haben dazu Ende der 1990er-Jahre spannende und anschauliche Experimente angestellt,[7] die zeigen, dass unser Gehirn jede Menge herausfiltert und hochrechnet, damit die Wahrnehmung unseren Erwartungen entspricht. Das heißt, wir nehmen die Welt nicht objektiv wahr, sondern in Relation. In Relation zu dem, was unser Gehirn an Wissen und Erfahrungen gespeichert hat. »Wir sehen die Dinge nicht, wie sie sind, sondern wie wir sind.«[8]

Nehmen Sie also Abschied von der Überzeugung, dass jeder Mensch das Gleiche sieht, was Sie sehen. Das ist eine Illusion. Realität hingegen ist: Wenn zwei Menschen zur selben Zeit dieselbe Situation betrachten, nehmen sie unterschiedliche Details wahr – und ziehen unterschiedliche Schlüsse daraus.

Was hat das jetzt mit dem Thema Verhandlungsführung zu tun? Gute Verhandlerinnen wissen, dass ihr Gehirn so tickt. Ihnen ist bewusst, dass sie jedes Mal nur *ihre* Wahrnehmungen kommunizieren und die Schlüsse, die sie selbst daraus ziehen. Und die unterscheiden sich von denen ihres Gegenübers. Diese Einsicht gibt ihnen die nötige Demut vor der Vieldeutigkeit unserer Welt.

Demut steht Ihnen gut, wenn Sie professionell verhandeln. Mit dem Wissen um Ihre eigene Subjektivität und damit um die Fehlbarkeit Ihrer Wahrnehmung verändern Sie zwar noch nicht die eigene Wahrnehmung. Aber – hoffentlich – Ihr Verhalten, Ihren Umgang mit anderen. Pochen Sie also künftig nicht mehr darauf, dass Ihre Vorstellung vom Verhandlungsgegenstand »Hase« die richtige ist. Sie wissen ja jetzt, dass Ihr Verhandlungspartner den Hasen aus seinem Blickwinkel einfach anders sieht. Das schließt auch die Frage nach dem »Wer hat Recht?« aus. Es fällt Ihnen so leichter, andere Sichtweisen als gleichberechtigt zu respektieren und damit einen Weg einzuschlagen, der schließlich zum Agreement mit Ihrem Verhandlungspartner führen kann.

Geben Sie Ihr Ego an der Garderobe ab

»Es ist kaum zu glauben, was jeder Mensch glaubt, was er für ein Mensch ist!« Mit diesem Satz machte sich Dichter und Schauspieler Johann Nepomuk Nestroy darüber lustig, welch überhöhtes Selbstverständnis wir oft an den Tag legen. Dies hindert uns leider allzu oft, unser Verhalten und unsere Absichten kritisch zu betrachten. Meist sind wir viel nachsichtiger mit uns als mit anderen. Wer in einer Verhandlung danach trachtet, sein Selbstbild – ich nenne es schlicht Ego – bestätigt zu bekommen oder zu verteidigen, steht sich beim Verhandeln selbst im Weg, weil zusammen mit den Zielen immer auch die ganze Person auf dem Spiel steht. Die Lösung ist: vor einer Verhandlung sein Ego an der Garderobe abzugeben. Wer professionell verhandeln will, muss seine Ziele getrennt von seiner Person betrachten können. Das ist eine wichtige Grundkompetenz, die Ihnen den Weg zum Erfolg ebnet. Wieso?

Der Mensch hat deshalb gerne Recht, weil er sich dann gut, stark und anderen überlegen fühlt. Da es beim Verhandeln aber um den flexiblen Austausch unterschiedlicher An- und Einsichten geht und den daraus abgeleiteten Forderungen und eben nicht darum, wer Recht hat, ist ein zu großes Ego in Verhandlungen hinderlich. Es macht Sie im Gesprächsprozess nur verletzlich und emotional. Um gesetzte Verhandlungsziele zu erreichen, kann es nämlich manchmal nützlich sein, zurückzuweichen oder sich zu entschuldigen, obwohl es eigentlich nichts zu entschuldigen gibt, oder mit seiner eigenen Kompetenz bewusst hinterm Berg zu halten – und viele ähnliche Dinge, die wir als Bedrohung für Selbstbewusstsein als moderne Frau sehen. Doch schlaue, wirklich selbstbewusste Verhandlerinnen wissen, dass es in Verhandlungen nicht darum geht, das eigene Selbstbewusstsein bestätigt zu sehen – sondern darum, seine Ziele durchzusetzen. Kurz: Ihr Ego am Verhandlungstisch ist eine potenzielle Bedrohung für zielführende Verhaltensweisen, die sich aber fürs Ego nicht gut anfühlen. Lassen Sie es also für die Dauer des Gesprächs vor der Tür

Falls Ihr Gegenüber aber sein Ego mitgebracht hat und sich Ihnen gegenüber aufpumpt – laufen Sie dann nicht Gefahr, sich unterbuttern zu lassen?

Keine Sorge. Es läuft genau umgekehrt: Je ruhiger Sie bleiben und sich auf die Perspektive Ihres Gegenübers konzentrieren und diese einbeziehen – frei nach dem indianischen Motto, dass man nur dann jemanden wirklich verstehen kann, wenn man wenigstens eine Meile in seinen Mokassins gegangen ist – und je mehr Sie unbeeinträchtigt hinhören, desto mehr Informationen sammeln Sie, die Sie später als Hebel und Druckmittel (*leverage*) verwenden können. (Ich spreche darüber ausführlich in Kapitel 8). Denn jedes »Ich will …«, »Ich brauche…«, »Ich kann nicht ohne …« Ihres Gegenübers gibt Ihnen wertvolle Informationen an die Hand, um zu überlegen: Was kann ich ihm dafür geben und was dafür zurückfordern? Je nüchterner Sie die Verhandlungssituation sehen können, desto flexibler sind Sie im Denken und Finden von Lösungen.

Ziehen Sie das Ego der anderen auf Ihre Seite

In meinem Berufsleben habe ich es häufiger mit Persönlichkeiten zu tun, die besondere gesellschaftliche Positionen bekleiden und deren Bedürfnis nach Anerkennung groß ist. Diese bringen ihre Egos unbewusst fast immer mit an den Verhandlungstisch. Also ziehe ich von vornherein deren Ego auf meine Seite: »Ich habe von Ihrem Projekt XY gehört, das Sie, Herr Professor Dr. Schmidt, an Land gezogen haben. Ein wirklich interessantes, gesellschaftlich relevantes Thema, das Sie da anpacken. Chapeau! Was ich jetzt mit Ihnen besprechen wollte, ist Folgendes ...«

Statt direktem Widerspruch gebe ich in der Verhandlung gern Antworten wie: »Ich stimme Ihnen darin völlig zu und möchte noch ergänzen, dass ...«

Was dann kommt, kann inhaltlich durchaus im Widerspruch stehen zu dem, was der andere gesagt hat. Der Effekt ist: Ich habe dem rechthaben-wollenden Ego meines Verhandlungspartners zugestimmt, und die Gegenrede wird dadurch annehmbar für ihn.

Dem bedürftigen Ego meines Verhandlungspartners das zu geben, was es braucht, erleichtert jede Verhandlung. Verstehen Sie mich bitte richtig: Ich rede hier nicht von schleimigen Schmeicheleien, sondern von ehrlichen Anerkennungen, die Sie jedem Menschen geben können.

Übung

Schreiben Sie drei Namen von Personen auf, die Ihnen spontan einfallen. Es ist egal, wie gut Sie sie kennen. Danach überlegen Sie einmal, was Sie von diesen Menschen lernen können. Ja, Sie haben richtig verstanden: Wir können von jedem Menschen etwas lernen, weil jeder Mensch irgendetwas besser kann als wir und uns in irgendeinem Bereich überlegen ist. Als Schwester eines schwerbehinderten Bruders weiß ich, wovon ich spreche.

Wenn Sie selbst dagegen Ihr Ego vor der Tür gelassen haben, dann sind Sie davor gefeit, sich durch positive Komplimente einwickeln zu lassen oder auf aggressive Einlassungen emotional ablehnend zu reagieren.

Nach all diesen Einsichten wird es Ihnen auch nicht mehr schwerfallen, Ihrem Gegenüber das Gefühl zu geben, die Verhandlung gewonnen zu haben – egal, wie es gelaufen ist. Denn das Gefühl, gewonnen zu haben, gefällt jedem ungeschulten Verhandler.

Verhandeln mit Partnern, nicht mit Gegnern

Ist Ihnen schon aufgefallen, dass ich immer von »Gegenüber« oder »Verhandlungspartner« spreche und nicht von »Gegner« oder »Kontrahent«? Wenn Sie den anderen nicht als Feind sehen, ist das eine weitere wichtige Maßnahme, um mit einer positiven und konstruktiven inneren Einstellung in das Gespräch zu gehen. Ich nenne das: das eigene Mindset auf Erfolgskurs bringen.

Wenn Sie die Begriffe »Verhandlung« und »Gegner« zusammen denken, brauchen Sie sich nicht zu wundern, wenn Sie Ihre Verhandlung als eine feindliche Auseinandersetzung erleben statt als kommunikativen Austausch von Forderungen mit dem Ziel, eine Vereinbarung zu treffen.

Betrachten Sie es mal so: Die Herausforderung ist nicht die Person, die Ihnen gegenübersitzt, sondern der Verhandlungsprozess. Die bewusste positive Wortwahl hilft Ihnen, auch in schwierigen Situationen eine respektvolle Grundhaltung zum anderen zu bewahren. Egal wie schwierig das Verhandlungsgespräch auch ist, wie unwillig Ihr Gegenüber Ihnen auch erscheint: Auf dem Weg zu Ihrem Verhandlungsziel ist er oder sie Ihr Partner. Dieses Mindset hilft Ihnen auch, sich auf Menschen einzustellen, die ganz anders denken und handeln als Sie. Ein Polizeiverhandler muss schließlich auch mit den absonderlichsten Persönlichkeiten umgehen, wenn er die Geiseln heil rauskriegen will.

Das positive Denkkonzept vom Verhandlungspartner hält Ihr Gehirn in einem entspannten, arbeitsfähigen Modus. Denn es verhindert die Überschwemmung Ihrer Denkzellen mit dem stressauslösenden chemischen Botenstoff Cortisol, der ausgeschüttet wird, sobald Sie sich auf einen Gegner oder Feind einschießen.

Also: Wenn Sie konsequent die Perspektive einnehmen: »Das Problem ist die Situation, nicht die Person«, dann haben Sie die richtige Grundeinstellung und können sich produktiv auf die Situation und den Verhandlungsprozess fokussieren.

4. Welche drei Hauptfehler Sie nie (wieder) machen sollten

Komplexe Verhandlungssituationen und Verhandlungsfehler können wir schlecht erkennen, wenn wir selbst mittendrin stecken. In meinen Seminaren nutzen die Teilnehmer und Teilnehmerinnen deshalb gern die Möglichkeit, Verhandlungsmechanismen anhand von Filmszenen zu analysieren. Aus Fehlern anderer kann man wunderbar lernen. Mein Lieblingsanschauungsmaterial ist die Netflix-Serie *House of Cards*. Ein Politthriller vom Feinsten.[9] Ich lade Sie ein, jetzt eine Verhandlungsszene daraus zu betrachten, an der Sie exemplarisch drei Hauptfehler erkennen können, die Sie nie (wieder) machen sollten. Keiner der beiden Verhandler in dieser Szene agiert vorbildlich. Nehmen Sie einfach die Position der neutralen Beobachterin ein – Sie schauen gewissermaßen durch das Fenster auf das Gespräch zwischen Frank und Marty.

Die Szene spielt im Büro des Politikers Frank, der Fraktionsführer seiner Partei ist. Frank hat vor geraumer Zeit den Gesetzentwurf zu einer Bildungsreform unter seine Fittiche genommen und will die Reform baldmöglich durch die politischen Gremien bringen. In nächtelangen, zähen Verhandlungsrunden haben politische Vertreter und Vertreter verschiedener Lehrergewerkschaften miteinander am Verhandlungstisch gesessen und unter der Führung ihres Lobbyisten Marty Spinella um die Inhalte gerungen.

Das Reformpapier scheint auf einem guten Weg. Bis Marty entdeckt, dass Frank hinter dem Rücken aller Beteiligten bereits abgelehnte Verhandlungspunkte erneut in den Gesetzentwurf hineingeschrieben hat: nämlich Tarifverhandlungen und Leistungsstandards. Weil Frank bei den Verhandlungen nicht selbst mit am Tisch saß, scheint er das Papier in Teilen neu verhandeln zu wollen. Marty fühlt sich hintergangen. Er eröffnet das Gespräch in Franks Büro aufgeregt mit den Worten:»Sie haben mich angelogen, Frank! Wir haben ein ganzes Wochenende in diesem Raum verbracht und sind Zeile für Zeile den Entwurf durchgegangen, in dem nirgendwo auch nur ein Wort zu Tarifverhandlungen stand!«

Frank sitzt in einem Sessel und erwidert:»Beruhigen Sie sich. Nehmen Sie Platz, und dann reden wir in Ruhe darüber. Ich werde Ihnen alles erklären und jede Frage beantworten.«

»Nein«, sagt Marty und bleibt stehen.»Sparen Sie sich das. Denn ich bin nur wegen einer einzigen Sache hier, und Sie haben die Wahl: Entweder Sie versichern mir hier und jetzt, dass dieser Passus gestrichen wird, oder ich verschwinde durch diese Tür und komme mit schwerem Geschütz zurück.« Seine Drohung spielt auf einen landesweiten Lehrerstreik an, den er gegen den Gesetzentwurf anzetteln könnte.

Frank schaut von seinem Sessel aus zu Marty hoch und erwidert ruhig:»Trotz Ihrer Befürchtungen hat dieser Zusatz keinerlei Bedeutung.«

Marty aber ist richtig in Fahrt:»Verstehe ich Sie richtig? Sie drohen damit, den Schulbezirken die öffentlichen Gelder zu kürzen? Das ist hier ist kein Pokerspiel, Frank. Das ist eine Kriegserklärung, wenn Sie mich fragen.«

Frank sieht Marty ruhig an.»Hören Sie, dieser Zusatz wird in der Endfassung des Entwurfs nicht stehenbleiben«, sagt er noch einmal beschwichtigend. Und fährt nach einer kleinen Pause fort:»Vorher sollten wir aber noch über die Leistungsstandards reden.«

Marty schaut Frank fassungslos an.»Habe ich eben richtig gehört? Wollen Sie mich verarschen? Sie haben gesagt, das wäre geklärt, und jetzt wollen Sie wieder damit anfangen?« Er kocht vor Wut.»Ich habe einen Ruf zu verlieren! Denn ich war es, der dafür gesorgt hat, dass die Gewerkschaft stillgehalten hat. Sagen Sie mir jetzt auf der Stelle: Ist dieser Zusatz vom Tisch oder nicht?«

Frank lässt sich nicht aus der Ruhe bringen:»Es ist der Mittelweg, wie so oft, Marty. Wir müssen ihn nur finden.«

Marty fixiert Frank mit stierem Blick und presst dann heraus:»Ich deute das als Nein. Na schön!« Er schnappt seine Tasche und eilt zur Tür.

Der Rest der Szene ist geprägt von Martys Kraftausdrücken. Mit einem Knall schmettert er die Tür hinter sich zu.

Ende der Szene.

Aus den Fehlern anderer lernen

Erkennen Sie die Fehler, die vor allem Marty machte? Sie sind typisch für Menschen, die im Verhandeln ungeübt sind.

Der erste Fehler: Marty steht mit nur einer Forderung im Raum. Er will nur eine einzige Sache, nämlich »dass dieser Passus gestrichen wird«. Dadurch kreiert er eine Friss-oder-Stirb-Situation – und hat keinen Verhandlungsspielraum. Zudem bezieht er gleich zu Anfang konkret Position und ist ein sehr durchsichtiger Verhandlungspartner. Frank hingegen hat ein größeres Verhandlungsfeld im Auge, einen Bereich zwischen zwei Forderungen: »Wir nehmen den Passus raus, müssen vorher aber über Leistungsstandards reden.« Doch Marty geht darauf gar nicht ein. Er beharrt auf seiner einen Forderung (»Ist dieser Passus nun vom Tisch oder nicht?«), definiert die Situation aus seiner Sicht (»Ich deute das als Nein!«) und stürmt hinaus, als er sein Ziel nicht erreicht sieht. Ganz ehrlich: So kann man Verhandlungen nicht gewinnen.

Der zweite Fehler: Marty verkennt die Situation, in der er sich befindet. Obwohl sie im Berufsleben häufig vorkommt: die Wiederaufnahme einer Verhandlung. Frank hat bereits verhandelte Punkte wieder auf die Agenda gesetzt: Tarifverhandlungen und Leistungsstandards. Doch Marty hatte nicht verstanden, dass das Verhandlungs*ende* neulich »in dem Raum da drüben« noch nicht der Verhandlung*abschluss* war. Er will sich auf die Situation gar nicht einlassen, er akzeptiert sie nicht. Und so kommt es zur Eskalation.

Der dritte Fehler. Er wird besonders sichtbar, wenn man sich die Filmszene einmal anschaut.[10] Marty hat seine Emotionen nicht im Griff. Er hat Stress. Die Folge ist: Marty *reagiert*, statt zu *agieren*. Er reagiert auf Gefühle, die ihn überwältigen, er agiert nicht rational gesteuert.[11] Im Gegensatz zu Frank, der eine klare Taktik verfolgt. Im Austausch gegen die Tarifverhandlungen will er die Leistungsstandards noch einmal neu verhandeln.

An dieser Szene können Sie deutlich sehen, was passiert, wenn jemand sein Ego nicht vor der Tür lässt und sich völlig mit seiner Forderung identifiziert: Er wird angreifbar, er sieht sich in Gefahr, wenn sein Ziel nicht erreicht wird. Martys Ego pumpt sich zum wütenden

Gorilla auf. Er hat so viel Stress, dass er nicht mehr klar denken kann. Sein limbisches System legt ihm Kraftausdrücke auf die Zunge, die er in rationalem Zustand ungesagt herunterschlucken würde. Am Ende stapft er lautstark aus dem Raum. Alles, um bloß nicht zu verlieren und seinem Ego das Gesicht zu wahren. Seinem Verhandlungsziel, nämlich dass der Passus aus dem Gesetzentwurf gestrichen wird, ist Marty dadurch keinen Schritt näher gekommen.

Wobei eines natürlich klar ist: Eine Verhandlung abbrechen können Sie immer. Aber bitte so, wie in Kapitel 21 beschrieben, damit Sie die Verhandlung auch wieder fortsetzen können.

Was Sie daraus lernen können:

1. Gehen Sie nie mit nur einer einzigen Forderung in eine Verhandlung. Nehmen Sie immer mehrere Forderungen mit. Je mehr Forderungen, desto mehr Spielbälle haben Sie auf dem Verhandlungsfeld, wo es um Geben und Nehmen geht (Kapitel 9 und 10). Zudem: Enthüllen Sie nicht gleich zu Anfang, wie wichtig Ihnen die verschiedenen Verhandlungspunkte sind. Bleiben Sie in der Hinsicht ruhig undurchsichtig.
2. Sperren Sie sich nicht gegen die Wiederaufnahme bereits verhandelter Inhalte. Sie sind gang und gäbe – nicht nur im Berufsleben. Oder glauben Sie, es reicht, mit einem Kind im Supermarkt *einmal* den Kauf von Süßigkeiten an der Kasse zu verhandeln?
3. Sorgen Sie Ihrerseits bei Verhandlungen dafür, dass sie abgeschlossen werden. Entweder unterschreiben die Beteiligten unmittelbar nach der Verhandlung eine Vereinbarung. Oder Sie schieben per Fax oder E-Mail ein Memo nach. E-Mails sind zwar nicht rechtsgültig, Sie legen Ihren Verhandlungspartner damit aber dennoch psychologisch fest: »Sehr geehrter Herr Müller, hiermit fasse ich nochmal unser Gespräch von heute Morgen zusammen: erstens …, zweitens …, drittens … Bitte lassen Sie mich wissen, ob diese Darstellung auch Ihrer Sicht entspricht. Ihre Kommentare und Wünsche nehme ich gern bis zum [Datum] auf. Ansonsten gehe ich davon aus, dass wir auf dieser Basis weiter arbeiten/liefern/den Vertrag vorbereiten können …«

Wenn Sie solche Festlegungen versäumen, müssen Sie sich nicht wundern, wenn Nachverhandlungen mitunter so unerwartet im Raum stehen wie bei Marty, der dachte, er hätte die Katze schon im Sack. Dabei hatte er es aber verpasst, einzelne Verhandlungsergebnisse verbindlich festzuzurren.

Die Möglichkeit nachzuverhandeln sollten Sie für sich unbedingt aktiv nutzen. Zum Beispiel, indem Sie alle Jahre wieder bei Ihrem Arbeitgeber eine Gehaltserhöhung, Fortbildung oder erweiterte Karriereplanungen einfordern.

4. Verhandeln Sie nicht, wenn Ihre Gefühle hochkochen. Es hat keinen Sinn. Ihr Denkhirn ist dann blockiert. Ob Euphorie oder Wut – beim Versuch, starke Emotionen in den Griff zu kriegen, indem Sie sie unterdrücken, verschwenden Sie Ihre gesamte Energie darauf – statt sie auf den Verhandlungsprozess zu konzentrieren. Im schlimmsten Fall geraten Sie außer sich wie Marty und schlagen Türen hinter sich zu, die nicht wieder geöffnet werden können.

Wenn Sie merken, dass Sie in einer Verhandlung emotional werden, bringen Sie sich in Sicherheit. Entweder unterbrechen Sie, oder Sie vertagen die Verhandlung, zum Beispiel mit den Worten:»Das scheint jetzt doch länger zu dauern, als ich dachte. Lassen Sie uns einen anderen Termin finden.«

Eine gute Methode, Emotionen zu vermeiden, ist die ausgiebige Vorbereitung. Wenn Sie zunächst Ihre Ziele und einzelnen Verhandlungspunkte klar definieren, sich danach eine Strategie zurechtlegen und wissen, welche Forderungen Sie wann ins Feld führen, dann haben Sie die besten Chancen, auch in herausfordernden Situationen zu bestehen. Dazu mehr in Kapitel 10.

5. Welche unausgesprochenen Themen Sie immer mitverhandeln

Wenn es um das Verhandeln im Businesskontext geht, denken viele, besonders Berufsanfänger: Letztlich geht es doch immer ums Geld. Das billigste Angebot wird gewinnen. Das entspricht nicht meiner Erfahrung und auch nicht den Erkenntnissen der modernen Hirnforschung.

In Verhandlungen gilt es immer, zwei Ebenen in den Blick zu fassen. Die eine Ebene beschreibt die Forderungen, die offen ausgesprochen werden: »Wir setzen die Kooperation gern fort, wenn folgende Bedingungen erfüllt sind ...« Die zweite Ebene ist die der verborgenen Bedürfnisse, die selten ausgesprochen werden – die aber oft ausschlaggebend für Entscheidungen sind. Diesen unausgesprochenen Bedürfnissen widmet sich dieses Kapitel.

Seit der US-Psychologe Abraham Maslow in den 1940er-Jahren die Maslowsche Bedürfnispyramide aufzeichnete, wissen wir: Essen, Trinken, Schlafen, und bei kleinen Kindern auch körperliche Berührungen, sind Grundbedürfnisse, die gedeckt sein müssen – sonst gehen wir Menschen zugrunde.

Darüber hinaus gibt es aber weitere für den Menschen wichtige Bedürfnisse, die sogenannten *sozialen* Grundbedürfnisse. Dank der modernen Neurowissenschaft können wir sie heute klar benennen: Es sind Fairness, Autonomie, Sicherheit, Status und Beziehung. Diese Bedürfnisse werden von unserem Gehirn als Überlebensaspekte behandelt.[12] Für unser Gehirn sind diese sozialen Bedürfnisse so essenziell wichtig wie Wasser und Nahrung für unseren Körper. Unser Gehirn reagiert mit dem Ausstoß verschiedener chemischer Botenstoffe, wenn diese Bedürfnisse angesprochen oder verletzt werden. Diese körpereigenen chemischen Stoffe sind im Speichel messbar.

Wie unser Körper unser Verhalten steuert

Unser sprachlich-analytischer Hirnteil – medizinisch korrekt präfrontaler Cortex genannt – braucht eine sehr genau austarierte Balance dieser chemischen Substanzen, um optimal als Denkhirn funktionieren zu können. Und da geschulte Verhandlerinnen rational-agierend und nicht emotional-reagierend verhandeln, lohnt sich an dieser Stelle ein kleiner Ausflug in die Welt der Gehirnchemie, um besser zu verstehen, was unser Verhalten lenkt.

Unser Gehirn verschickt Informationen unter anderem über chemische Botenstoffe, sogenannte Neurotransmitter. Je nachdem, welche chemische Substanz uns gerade durchs Hirn schießt, empfinden wir Angst, Glück, Neugier oder andere Gefühle. Neurotransmitter bringen uns dazu zu reagieren. Die fünf wichtigsten Substanzen, die auf unser Verhalten Einfluss nehmen:

- *Dopamin* ist die »Chemie des Interesses«. Dopamin wird freigesetzt, wenn wir etwas positives Neues erfahren. Ein Dopaminausstoß im Gehirn sorgt dafür, dass ich neugierig hinschaue und zuhöre. Humor hebt unseren Dopaminlevel, aber auch andere erfreuliche Tätigkeiten wie Essen, Sex und ein freundliches Gespräch.
- *Serotonin* ermöglicht Glücksgefühle, weil es auf Angst, Aggressivität, Kummer und Hunger dämpfend wirkt.
- *Testosteron* ist verantwortlich für Dominanzgefühle und in stärkerer Konzentration für Stress.
- *Cortisol* erzeugt Stress.
- *Oxytocin* ist die chemische Substanz, die wir brauchen, um Vertrauen aufzubauen.

Jedem sozialen Bedürfnis entspricht ein anderer Cocktail aus chemischen Botenstoffen. Das kann zum Beispiel so aussehen: Wenn Sie die Nachricht erhalten, dass Sie zur Vorsitzenden eines hochrangigen Expertengremiums berufen wurden, bestätigt das nicht nur Ihre Kompetenz. Es erhöht auch Ihren sozialen Status als anerkannte Fachkraft, als VIP Ihrer Branche. Auf diese erfreuliche Nachricht stößt Ihr Körper mit einem Gehirnchemiecocktail aus Dopamin, Serotonin und Testosteron an. Denn diese drei Substanzen sind es, die das körpereigene Belohnungssystem in Ihrem Gehirn aktivieren. Wenn sich die Dopamin-, Serotonin- und Testosteronlevel erhöhen, dann belohnt sich Ihr Körper für etwas.

Hochrangige Tiere – und ebensolche Menschen – haben interessanterweise einen generell geringeren Cortisollevel, leiden also weniger unter Stress als Personen, die in der sozialen Rangordnung unten stehen. Wie können wir uns dieses Wissen bei Verhandlungen nutzbar machen? Erstens, indem Sie dafür sorgen, dass Sie keines der sozialen Bedürfnisse kränken. Das ist Frank bei seiner Verhandlung mit Marty in Kapitel 4 nicht gelungen. Erinnern Sie sich an Martys Vorwurf: »Ich habe einen Ruf zu verlieren!«? Dieser kleine Satz spricht fürs geschulte Verhandlerinnenohr Bände. Es enthüllt den Grund von Martys emotionaler Reaktion: seine Angst vor Statusverlust, die Angst, Ansehen und gesellschaftliche Stellung zu verlieren. Die Kränkung seines Statusbedürfnisses erzeugte eine Cortisolschwemme in seinem Gehirn. Angst und Unsicherheit waren die Folge. Marty überließ sich seinem emotionalen Autopiloten – die unberechenbarste Weise zu verhandeln.

Zwei ausschlaggebende Bedürfnisse: Status und Autonomie

Es sind vor allem zwei der fünf oben genannten sozialen Grundbedürfnisse, deren Nichtbefriedigung das Verhandeln erheblich erschweren kann: Status und Autonomie. Nicht nur in der Tierwelt existieren Rangordnungen – auch wir Menschen funktionieren noch immer danach. Wie beim Sicherheitsbedürfnis speichert unser Gehirn komplexe Landkarten über Hackordnungen.

Status, also die Bestimmung, an welcher Position wir innerhalb einer Gruppe oder Gesellschaft stehen, ist ein wichtiger Aspekt unseres Daseins. Sie können davon ausgehen, dass, je höher der Status eines Menschen ist, desto ausgeprägter sein Bedürfnis ist, diesen Status immer wieder bestätigt zu bekommen. Das Gefühl hingegen, ausgeschlossen zu sein, am Rande zu stehen, erzeugt sozialen Schmerz, der in der gleichen Gehirnregion verarbeitet wird wie körperlicher Schmerz.

Und unsere neuronalen Netzwerke, die sogenannten Basalganglien, speichern diesen sozialen Schmerz samt der auslösenden Faktoren, die noch lange nach dem eigentlichen Ereignis regelrechte Phantomschmerzen auslösen können.

Statusverletzungen zum Beispiel werden vom Gehirn als Bedrohung wahrgenommen. Das ist auch der Grund dafür, warum Menschen gern und oft Recht haben wollen. Unrecht haben erzeugt nämlich ein Unterlegenheitsgefühl: Wenn mein Gegenüber Recht hat, dann fühle ich mich im niedrigeren Status. Das sagt uns jedenfalls unsere durch Körperchemie getriebene Emotion.

Wenn Sie das aber mal nüchtern mit dem Denkhirn betrachten, dann könnten Sie doch eigentlich entspannt darüberstehen, oder? Geben Sie Ihrem Verhandlungspartner einfach Recht, verabreichen Sie ihm innere Belohnungscocktails, wenn es dabei hilft, dass er sich gut fühlt und Sie Ihr Ziel besser verhandeln können.

Eine weiteres, verhandlungsstrategisch leicht zu befriedigendes Bedürfnis ist unser Streben nach *Autonomie*. Warum ist Autonomie für uns wichtig? Autonomie bedeutet, selbst entscheiden zu können, eine Situation mitzugestalten oder sie unter Kontrolle zu haben. Eine Wahl treffen zu können, ist beispielsweise so eine Kontrollfunktion. Wenn ich eine Wahl treffe, bedient das mein Sicherheitsgefühl, weil ich beeinflussen kann, was am Ende herauskommt.

Lassen Sie Ihrem Verhandlungspartner also immer die Wahl. Es ist nicht in erster Linie wichtig, wie inhaltlich bedeutsam die Wahl ist. Entscheidend ist, Ihrem Verhandlungspartner das Gefühl zu geben, dass er mitentscheiden kann. »Soll ich dir noch eine Geschichte erzählen oder lieber ein Buch vorlesen?«, wäre eine Variante für den Verhandlungspartner Kind, das abends nicht ins Bett gehen will. Eine Wahlmöglichkeit bedient nicht nur unser Autonomiebedürfnis, es bringt uns auch in die Position, eine lösungsorientierte, nach vorne gerichtete Antwort zu geben.

Selten werden diese sozialen Bedürfnisse nach Statuswahrung und Autonomie in Verhandlungen so direkt ausgesprochen, wie Marty es tat. Dennoch sitzen sie immer mit am Verhandlungstisch und möchten berücksichtigt werden.

Ein spektakuläres Beispiel dafür ist die Geschichte einer US-amerikanischen Bankenfusion, in der es 1998 um 16 Milliarden US-Dollar ging.[13] Dieser Deal zwischen der First Union Corporation und der traditionsreichen CoreStates Financial Corporation war seinerzeit die größte Bankenfusion der US-amerikanischen Geschichte.

Kurz vor Verhandlungsabschluss drohte der Deal zu platzen: CoreStates' Präsident Terry Larsen verhielt sich plötzlich zögerlich und widerspenstig gegenüber den Fusionsplänen, obwohl ihm Ed Crutchfield, der Vertreter der First Union Corporation, in den finanziellen Forderungen sehr weit entgegengekommen war. Was stand hinter Larsens plötzlichem Zögern?

Wie sich herausstellte, fürchtete Larsen, dass die First Union nach der Fusion alle gemeinnützigen Engagements fallen lassen würde, die die CoreStates initiiert hatte – und zwar in der Region, wo Larsen lebte. Die Fusion bedrohte also etwas, das Larsen aufgebaut hatte und wofür er in seiner Community bekannt war. Kurz: Larsens Status stand auf dem Spiel!

Wenn Menschen um ihren Status kämpfen, sind sie nicht kooperativ, sie teilen nicht. Larsen hätte den Deal kippen lassen. Was machen *Sie* in solch einem Fall? Wenn Sie zum Beispiel merken, dass jemand am Verhandlungstisch in seinem Statusbedürfnis verletzt wurde?

Reduzieren Sie die Bedrohung und geben Sie dem anderen das Gefühl, dass sich sein Status erhöht. Zum Beispiel, indem Sie ihm vor allen Beteiligten in der Verhandlungsrunde ein Kompliment geben:»Wir alle hier schätzen Sie, Herrn Schmidt, als Experte in dieser Sache ...« Oder: Geben Sie Ihrem Verhandlungspartner positives Feedback zu etwas, das er gut gemacht hat, das er erreicht hat:»Mit Ihrer kooperativen und überlegten Haltung, Frau Müller, haben Sie ja schon manches Problem gelöst ...«

Achten Sie generell darauf, dass wenig Stress im Raum ist. Sorgen Sie für eine entspannte Atmosphäre, gern auch mit einer Prise Humor. Ein gehobener Dopaminlevel bei allen Beteiligten ermöglicht, dass sie neugierig Verhandlungspunkt für Verhandlungspunkt betrachten können. Verhandeln Sie nach dem Prinzip: wenig Problem, viel Lösung. Fragen wie:»Stellen Sie sich vor, das Problem wäre gelöst – wie würden wir dann weitermachen?« Das bringt die Beteiligten in eine gelöstere, nach vorne denkende Stimmung.

Und wie riss Ed Crutchfield beim Bankendeal das Ruder rum? Er schlug vor, eine 100-Millionen-Dollar-Stiftung ins Leben zu rufen, dessen Geschicke Larsen lenken sollte. Diese Summe machte finanziell nur einen Bruchteil der Verhandlungssumme des gesamten Deals aus. Aber sie brachte Larsen wieder als kooperativen Kooperationspartner zurück an den Verhandlungstisch, und die Fusion wurde eingetütet.

Sie sehen: Auch wenn's ums Geld geht, geht es keineswegs nur ums Geld. Die sozialen Bedürfnisse sind mächtiger. Die können Sie in Verhandlungen unabsichtlich kränken. Oder Sie können sie bewusst gezielt positiv antriggern. Gehen Sie in jedem Fall bewusst damit um.

Beobachten Sie auch, welches soziale Bedürfnis bei Ihnen besonders ausgeprägt ist. Das ist bei jedem Menschen unterschiedlich. Und dann immunisieren Sie sich gegen Kränkungen. Zum Beispiel, indem Sie einen kleinen Bereich finden, in dem Sie sich anderen überlegen fühlen. Einen Bereich, in dem Sie stolz auf sich sind. Dass Sie die Leute alle an den Verhandlungstisch gebracht haben. Dass Sie es schaffen, zwischen verschiedenen Anliegen zu vermitteln. Dass Sie es geschafft haben, eine emotional-herausfordernde Verhandlung durchzustehen – was auch immer. Der Stolz auf diese Ihre Fähigkeit(en) verleiht Ihnen innere Stabilität. Wenn Sie sich diese dann in den Momenten vor Augen halten, wo Sie Ihr soziales Bedürfnis gekränkt sehen, schützt Sie das vor emotionalen Reaktionen à la Marty.

6. Warum Frauen anders als Männer verhandeln

Männer reden gern über Autos – Frauen über Gefühle. So könnte man männliches und weibliches Kommunikationsverhalten kurz und frech beschreiben. Solche Klischees sind zwar übertrieben – dennoch hat dieser Satz durchaus Realitätsbezug. Erstens: Teure Autos sind Statussymbole. Zweitens: Über den Austausch von Gefühlen treten Menschen in Beziehung. Status und Beziehung sind zwei der fünf sozialen Bedürfnisse, die uns Menschen steuern. Lesen Sie das gern noch einmal in Kapitel 5 nach. Erstaunlicherweise folgen Männer und Frauen tendenziell sehr unterschiedlichen Bedürfnissen. Woher kommt das?

Deborah Tannen von der Georgetown University in den USA hat Jungen und Mädchen beim Spielen zugeschaut. In ihrer Studie *The Power of Talk: Who Gets Heard and Why*[14] veröffentlichte sie ihre Beobachtungen: Jungs spielen anders als Mädchen. Jungs formen häufiger Gruppen, in denen darum gerangelt wird, wer die Ansagen macht und wer folgen muss. Jungs kommunizieren eher hierarchieorientiert, das heißt statusorientiert, miteinander.

Das Spielen in Mädchengruppen hingegen ist eher auf Ausgleich bedacht. Jedes Gruppenmitglied darf zu Wort kommen, es wird darauf geachtet, dass jede ihr Gesicht wahren kann. Mädchen lernen so, eher beziehungsorientiert miteinander umzugehen.

Tannen ist Soziolinguistin. Ihre aufschlussreiche Studie zur Genderkommunikation öffnet uns die Augen, wie wir Sprache erlernen und wie sich unser erlerntes Kommunikationsmuster dann später in der Gesellschaft auswirkt. Wie wir Sprache anwenden, ist ein gelerntes soziales Verhalten, das sich bis in unser Berufsleben hinein verlängert.

Beobachten Sie mal in Ihrem nächsten Meeting: Wie oft wird eine Idee eher gehört und aufgegriffen, wenn ein Mann sie ausspricht? Wie oft greift ein Mann die Idee seiner Vorrednerin auf, erobert sich die Autorenschaft und heimst dann die Lorbeeren ein? Manche Frauen sehen das gelassen, nach dem Motto:»Ist doch gut, wenn meine Idee überhaupt in die Welt kommt. Hauptsache, sie wird dann umgesetzt.« Gelassenheit gegenüber solchen Sprachraubzügen bringt Sie in Verhandlungen aber nicht weiter. Im Gegenteil. Es kostet Sie den Respekt, den Sie brauchen, um vom anderen ernst genommen zu werden.

Wenn Sie wieder einmal solch einen verbalen Raubzug erleben, erobern Sie sich das Terrain zurück:»Es freut mich, Herr Dr. Frankenheimer, dass Ihnen meine Idee so gut gefallen hat, dass Sie dazu Stellung genommen habe. Ich würde gern noch ergänzen, dass ...« Noch besser wäre es, Sie spielten sich im Tandem mit einer verbündeten Kollegin die Bälle zu. Dann würde Ihre Kollegin sagen:»Wie meine Vorrednerin, Frau Holzhausen, soeben ausgeführt hat, wäre es sinnvoll, das Ganze so umzusetzen, dass ...«

Sie werden sehen: Wenn Sie auf diese Weise klar und unaufgeregt Ihre Stellung behaupten, nimmt Ihnen das keiner übel. Im Gegenteil: Sie gewinnen Respekt.

Denn statusorientierte Menschen leben in einer Welt, in der zwei Themen zählen: Rang und Revier. Statusorientierte wollen wissen, wo sie stehen. Bevor nicht geklärt ist, wer der Häuptling ist und wer das Fußvolk, kann das Spiel nicht losgehen. Gruppenmitglieder, die nach diesen Regeln spielen, werden respektiert. Respekt ist die gültige Währung in dieser Welt. Auf Status Erpichte nehmen das Revier ein, indem sie sich am Sitzplatz ausbreiten (Aktenmappen eignen sich dafür) oder im Raum (zum Beispiel durch lange Redezeiten). Die Aushandlung der Rangordnung ist die Bedingung, um überhaupt zur Sache kommen zu können. In einem mit hochrangigen Männern besetzten Gremium werden Sie in den ersten fünf Minuten keine inhaltlichen Fragen erörtern können. Einfach, weil alle am Anfang stets aufs Neue untereinander damit beschäftigt sind, das Ranking festzulegen und Territorien abzugrenzen. Nicht viele Frauen verstehen, schätzen und teilen diese mitunter verbal-aggressiven Statusspiele, die für Männer Alltag sind.

Frauen sind tendenziell eben eher beziehungsorientiert. Das heißt, sie leben in einer Welt, die sich zwischen dem Bedürfnis nach Zugehörigkeit und dem Interesse an Inhalten aufspannt. Wenn Sie mit einer Haltung menschlicher Zugewandtheit teamorientiert Sachfragen erörtern können, dann werden Sie mit der Währung entlohnt, die in dieser Welt gilt: mit Zuneigung.[15] Es lohnt sich, eine Wahrnehmung dafür zu entwickeln, welcher dieser Kommunikationswelten Sie und Ihr Verhandlungspartner angehören. Das erspart Ihnen eine Menge Missverständnisse – wie sie meiner Kollegin Sandra passiert sind.

Sandra war in leitender Position in einem renommierten Forschungsverband angestellt. Ihr Chef war der oberste Leiter des Instituts. Eines Tages bat er sie, ihn ins Ministerium zu begleiten, um dort ein neues Projekt auszuhandeln, das er – samt einem ansehnlichen Budget – an Land gezogen hatte. Sandra hatte solche Projekte lange Jahre gemanagt; sie kannte sich in der Materie exzellent aus. Für dieses Projekt gab es allerdings noch keine Struktur und keine greifbaren Inhalte. Sandras Versuch, mit ihrem Chef das Konzept vorab in groben Zügen zu besprechen, scheiterte. Seine Aussagen waren derart vage, dass Sandra sich die Klärung nun vom Ministeriumsgespräch erhoffte.

Die Runde dort war klein: Ein Ministerialbeamter, Sandras Chef und Sandra saßen am Tisch. Eine Stunde lang vertieften sich Sandra und der Ministerialbeamte in einen regen Gedankenaustausch, bei dem Inhalte, Strukturen und Personalfragen erörtert wurden. Der Chef beteiligte sich kaum an dem Gespräch. Sandra verließ das Gebäude an der Seite ihres Vorgesetzten mit dem beschwingten Gefühl, das Projekt konstruktiv auf den Weg gebracht zu haben. Auf dem Parkplatz brach dann plötzlich ein Sturm über sie herein. Ihr Chef schrie sie in Grund und Boden: Dass sie sich überlegen müsse, in welcher Weise sie weiterkommen wolle, so jedenfalls nicht und so weiter und so fort. Dann stieg er ins Auto und brauste davon. Die folgenden Tage waren von Anrufen geprägt, in denen Sandras Chef sie systematisch kritisierte.

Müßig zu sagen, dass dieses Verhalten ein trauriges Beispiel für einen unangemessenen Führungsstil ist. Aufschlussreich wird es, wenn Sie Sandras Geschichte einmal aus dem Blickwinkel der sozialen Bedürfnisse betrachten.

Sandras Kommunikationsstil gehört der beziehungsorientierten Welt an. Im Eifer für die Sache hatte Sandra aber das immense Statusbedürfnis ihres Chefs übersehen. Ausgestattet mit besten Absichten, ließ sie ihn völlig unabsichtlich eine Stunde lang im Fegefeuer schmoren: Denn nicht er, sondern *sie* hatte die Gesprächsführung übernommen, *sie* hatte die Beziehung zu dem Ministerialbeamten aufgebaut, und *sie* hatte Inhalte definiert. Ihr Chef muss sich wie eine Randfigur gefühlt haben. Das konnte er natürlich nicht auf sich sitzen lassen, und folglich versuchte er Sandra danach – buchstäblich – kleinzumachen. Was für sie schwer zu verstehen war, ihr später aber half, das Erlebte einzuordnen: Es war nicht ihre Person, die der Chef da angriff, es war seine Position, um die er kämpfte.

Ich erzähle Ihnen das nicht, um für derartiges Chefverhalten um Verständnis zu werben. Ich möchte Ihnen nahelegen, dass Sie die Erkenntnis aus diesem – zugegeben krassen – Beispiel nutzen, um sich selbst drastische Situationen mit extrem statusbewussten Verhandlungspartnern zu ersparen (die durchaus auch weiblich sein können). »Was sagen Sie, Herr Dr. Hubermann, in Ihrer Eigenschaft als Institutsleiter dazu?«, wäre eine geeignete Frage während eines Verhandlungsgespräches, die gleich die doppelte Anerkennung seines Ranges enthält: den Titel (Herr Dr.) und die Position (Institutsleiter). »Wäre das in Ihrem Sinne und im Sinne Ihres Instituts, Herr Dr. Hubermann?« So räumen Sie Hubermanns Bedürfnis den entsprechenden Raum ein.

Mischen Sie mit beim Statusspiel. Auch wenn Sie als beziehungsorientierte Frau vielleicht kein Interesse daran haben, lernen Sie unbedingt, Statusspielchen zu erkennen und damit umzugehen. Sehen Sie das Erlernen des »Statustalks« einfach wie einen Fremdsprachenerwerb: Lernen Sie die Vokabeln, die Sie in dieser Sprache einsetzen müssen, um gehört, verstanden und akzeptiert zu werden. Diese Sprache umfasst Wörter genauso wie Körpersprache und materielle Symbole.

Verzichten Sie nicht auf Statussymbole, wenn Sie in leitender Position tätig sind. In manchen Branchen gehört der Dienstwagen zur Position – auch wenn Ihnen so etwas eigentlich nicht wichtig ist. Nur so verschaffen Sie sich in einem rangorientierten System Respekt. Eine kontrollierte, standfeste und mitunter gern auch raumgreifende Körpersprache signalisiert Ihren Rang und Ihre Durchsetzungskraft (mehr zur Körpersprache in Kapitel 26).

Behalten Sie zwei Einsichten im Kopf:

Erstens: Bei zahlreichen männlichen – und genauso natürlich auch weiblichen – Exemplaren unserer Spezies ist das Statusbedürfnis sehr ausgeprägt.

Zweitens: Je höher der Status eines Menschen ist, desto ausgeprägter ist grundsätzlich sein Bedürfnis, diesen auszuleben. Das schließt auch hochrangige Frauen ein.

Wenn Sie eher zu den beziehungsorientierten Menschen gehören – wie die meisten Frauen, die ich kenne –, dann ist das für viele Verhandlungssituationen ein großer Vorteil. Nämlich immer dann, wo es um Kooperationen und langfristige Beziehungen zwischen Geschäftspartnern geht. Dort ist Statustalk weniger geeignet. Kooperation heißt ja, in Beziehung zu treten und zusammenzuwirken. Und dazu ist ein empathisches, einfühlendes Verhalten hilfreicher, als wenn jemand, der vor allem eigene Interessen im Auge hat, Ansagen macht.

Die Kenntnis der genderspezifischen Kommunikation schützt Sie auch vor Manipulationen. Geben Sie Verhandlungspartnern, die Sie mit beziehungsorientierten Aussagen weichmachen wollen, keine Chance mehr! Sätzen wie »Wir haben doch bisher immer so gut zusammengearbeitet« oder »Würden Sie uns den Gefallen tun – mir, Professor Müller und dem Direktor?« gehen Sie ab sofort nicht mehr auf den Leim. »Machen Sie mir ein Angebot, das ich nicht ablehnen kann«, wäre eine Erwiderung,[16] mit der Sie augenzwinkernd das Spiel von Geben und Nehmen eröffnen, das wir Verhandlung nennen. Und vom Geben und Nehmen verstehen Beziehungsorientierte eine ganze Menge. Mehr zum Thema Manipulation in Kapitel 22.

VOR-
BEREITUNG

7. Warum Sie sich für Ihren Verhandlungspartner interessieren und für ihn sorgen sollten

In den vorigen Kapiteln haben Sie sich das Hintergrundwissen für eine professionelle Haltung angeeignet, mit der Sie Verhandlungsprozesse durchschauen und führen können. Diese Haltung ist geprägt von Selbstreflexion und von dem Wissen um Unausgesprochenes, das immer mitverhandelt wird – wie die sozialen Bedürfnisse. So können Sie Verhandlungen rational gesteuert führen und nicht auf der Basis von emotionalen Reaktionen, die Sie hinterher bereuen.

Habe ich es schon erwähnt? Verhandlungsführung ist – leider – viel Arbeit. Vorbereitungsarbeit. Kein Geniestreich. In diesem Kapitel beginnen wir ganz konkret mit den Vorbereitungen zur Verhandlung. Ein Großteil Ihres Verhandlungserfolges wird auf der systematischen Vorbereitung beruhen.

Dazu gehört, dass Sie sich ernsthaft für Ihren Verhandlungspartner interessieren.

- Was will der andere? Was ist sein Ziel?
- Mit welchen Erwartungen geht Ihr Gegenüber ins Gespräch?
- Was können Sie Ihrem Gegenüber bieten, damit der Deal für ihn sinnvoll ist?

Darauf sollten Sie Antworten haben. Denn je mehr Sie über die Herausforderungen wissen, vor denen Ihr Verhandlungspartner steht, je besser Sie dahinter verborgene – oft unausgesprochene – Motivationen und Möglichkeiten Ihres Gegenübers verstehen, desto passender können die Optionen sein, die Sie ihm anbieten.

Ich erhalte häufig Anfragen von Non-Profit-Organisationen, die mich als Fachreferentin für einen Vortrag oder Workshop gewinnen wollen, die mir aber nichts oder nur wenig zahlen können. Warum sollte ich meine Inhalte gratis oder für einen kleinen Obolus zur Verfügung zu stellen? Ein Grund für mich wäre, dass ich mich dadurch einem weiteren Kundenkreis bekannt machen kann. Also erfrage ich in so einem Fall das Umfeld des Kunden: Was kann er mir anstelle einer monetären Entlohnung anbieten? Kann er mir einen Messestand anbieten? Oder gibt er einen Newsletter heraus, in dem er ein Interview mit mir veröffentlichen könnte? Weil die wenigsten Verhandlungspartner von sich aus ein Angebot parat haben, suche ich aktiv nach Möglichkeiten, die zu den Möglichkeiten meines Verhandlungspartners – und zu meiner Motivation – passen. Die steigt spürbar, wenn mein Verhandlungspartner von sich aus schon solche Vorschläge parat hat.

Wie können Sie etwas über Ihren Verhandlungspartner herausfinden? Durch Recherche. Verlassen Sie sich bitte nicht auf Vermutungen. Vermutungen sind der Feind einer guten Vorbereitung. Im Englischen gibt es das denkwürdig-drastische Wortspiel: ASSUME *makes an ASS out of U and ME.* Sprechen Sie stattdessen mit Kunden oder Kollegen Ihres Verhandlungspartners, die Ihnen Insiderwissen über Ihren Verhandlungspartner offenbaren können, über dessen Verpflichtungen und Herausforderungen. Soziale Medien wie Facebook sind gute Quellen, um bevorzugte Themen und Vorlieben Ihres Verhandlungspartners kennenzulernen. Forschen Sie nach Daten und Fakten: Geschäftsbilanzen und Jahresberichte legen Kontexte offen, in denen Ihr Verhandlungspartner agiert. Finden Sie über online veröffentlichte Interviews heraus, wofür Ihr Verhandlungspartner steht – oder schauen Sie auf das Leitbild seiner Firmenwebseite, welchen Werten Ihr Verhandlungspartner offiziell verpflichtet ist, weil er dort tätig ist.

Eine weitere exzellente Möglichkeit, etwas über ihn zu erfahren, ist, Fragen zu stellen und zuzuhören. Die meisten Menschen reden gern über sich und über das, was sie beschäftigt. Lassen Sie sie im Verhandlungsprozess reden, und schreiben Sie mit. Bei komplexen Verhandlungen schreibe ich manchmal ein kleines Notizbuch voll.

Je mehr Sie über Ihren Verhandlungspartner wissen, desto besser. Denn wenn Sie die Werte und Ziele Ihres Gegenübers für die anstehende Verhandlung *nicht* kennen, wird es Ihnen schwerfallen, passende Angebote zu machen.

Als Chefin werden Sie eine Mitarbeiterin, für die vor allem selbstbestimmtes Arbeiten nach flexibel einteilbarer Zeit wichtig ist, eher nicht mit einer Lohnerhöhung binden. Und einen Mitarbeiter, der die Sicherheit eines Routinejobs sucht, werden Sie nicht mit der Aussicht auf neue Tätigkeitsfelder in wechselnden Projekten motivieren. Je besser Sie die Bedingungen kennen, die für Ihr Gegenüber eine Rolle spielen, desto präziser können Sie überlegen: Was kann ich ihm geben? Was kann er mir geben?

Wenn Ihr Chef Sie als zuverlässige Assistenz schätzt, dann könnten Sie es schwerhaben, ihn von einer Fortbildung zu überzeugen, von der er befürchtet, dass Sie danach dem Assistenzposten entwachsen sind. Finden Sie also den Vorteil, den Ihr Chef von dieser Fortbildung hat. Zum Beispiel:

- dass Sie Ihre Kollegin XY im Krankheitsfall vertreten können (und die fällt ja leider häufiger aus ...) oder
- dass Sie danach auch im Projekt XX mitarbeiten könnten (und das ist ja ein Projekt, in dem es durchaus besser laufen könnte ...).

Wenn Sie wissen, welche Herausforderungen Ihren Chef beschäftigen – weil er es im Kollegenkreis geäußert hat –, dann finden Sie den Vorteil, den er von der Bewilligung Ihrer Fortbildung hätte, weil sie hilft, diese Herausforderung zu bewältigen. Das muss gar nicht besonders logisch sein. Es muss vor allem in sein Denkschema passen und am besten einige seiner eigenen Worte beinhalten. Das wirkt unmittelbar: »Beim nächsten Projekt, Herr Schmidthuber, wollten Sie ja einen veränderten Prozessablauf vereinbaren. Dazu wäre es sicherlich von Vorteil, wenn ich einige Tools aus dem Change-Management-Bereich bereitstellen könnte, die ein kleineres Team ermöglichen und durch die Sie das Projekt kostengünstiger fertigstellen.«

Klare Worte, die helfen

Und wenn Ihren Forderungen dennoch nicht entsprochen wird? Ihr Chef oder Ihre Chefin also Ihre Fortbildungswünsche ignoriert? Dann beschreiben Sie die Situation offen als »schwierig«. Gern mit genau diesem Begriff. Wichtig: Verzichten Sie auf Bewertungen. »Schwierig« ist nicht »falsch«. Benennen Sie schwierige Situationen kurz mit klaren Worten: »Sie haben bisher keiner meiner Anfragen nach einer Fortbildung entsprochen, Herr Schmidthuber. Es hat den Anschein, als würden Sie mich darin grundsätzlich nicht unterstützen.« Lassen Sie der knappen Problembeschreibung dann gleich eine Gemeinsamkeit folgen, die Sie mit Ihrem Verhandlungspartner verbindet. »Dabei waren wir doch schon darin einig, dass Projektabläufe zukünftig optimiert werden sollten. Diese Fortbildung ist eine kostengünstige Möglichkeit auf dem Weg dahin.«

Was Sie vermeiden sollten: Ihrem Verhandlungspartner direkt zu widersprechen oder gar Schuld zuzuweisen. »Mit Ihrer Verweigerungshaltung, Herr Schmidthuber, kommen wir nicht weiter, schließlich habe ich einen gesetzlichen Anspruch darauf …« Damit greifen Sie Ihr Gegenüber direkt an. Und was bewirken Sie damit? Ihr Verhandlungspartner wird darum ringen, Recht zu haben. In diesem Fall allein schon deswegen, weil er Ihr Chef ist. Er will sich nicht unterlegen fühlen. Und was das bedeutet, wissen Sie mittlerweile: die Verletzung des sozialen Bedürfnisses nach Status. »Die einzige Möglichkeit, Streit zu gewinnen, ist, Streit zu vermeiden«, erkannte Dale Carnegie schon 1937.[17] Selbst wenn Sie in der Sache gewinnen – weil Sie Recht behalten –, verlieren Sie den Menschen. Denn Menschen, die um ihren Status ringen, sind nicht kooperativ. Der Schlüssel zu Ihrem Verhandlungserfolg liegt also darin, den anderen nicht ins Unrecht zu setzen.

Und ich gehe noch einen Schritt weiter: Wenn Sie Verhandlungsprozesse steuern wollen, ist es Ihre Aufgabe, darauf zu achten, dass Ihr Verhandlungspartner in kniffliger Situation sein Gesicht wahren kann. Dafür tragen Sie bitte immer eine Feuerwehruniform in Ihrer Tasche. Metaphorisch gesprochen.

Wirkungsvolle Gesichtswahrung

Wissen Sie, wie Polizeipsychologen einen Selbstmordwilligen vom Dach eines Hauses holen, bevor er springt? Für die Psychologen steht fest:

Wenn sie diesen Menschen dazu bringen wollen, sein selbstmörderisches Vorhaben aufzugeben, müssen sie ihm ermöglichen, sein Gesicht zu wahren. Denn ein potenzieller Selbstmörder, der vom Dach steigt, hat ein zusätzliches Problem: Er muss nicht selten an einer Menge von sensationsgierigen Gaffern vorbeigehen, die ihn von der Straße aus beobachten – und dann als Feigling verspotten würden. Ein doppelter Loser sozusagen.

Diese Angst vor Gesichtsverlust müssen die Psychologen bei der Verhandlung mit dem Selbstmordkandidaten berücksichtigen. Dazu kann gehören, dass man ihn in eine Feuerwehruniform schlüpfen lässt, damit er unerkannt das Gebäude wieder verlassen kann.

In asiatischen Gesellschaften ist der Gesichtsverlust eines der schlimmsten Dinge, die jemandem passieren kann. Und weil das so wichtig ist, existiert zudem das Konzept des Gesichtgebens. Nach traditioneller Auffassung ist in China jedes Mitglied der Gesellschaft dafür verantwortlich, dass die Gesellschaft harmonisch funktioniert. Das heißt, jeder hat darauf zu achten, dass die Menschen, mit denen man umgeht, ihr Gesicht wahren können. Wenn ein Chef einen Mitarbeiter im Beisein von anderen maßregelt anstatt in einem Vier-Augen-Gespräch, dann würde dieser Mitarbeiter das Gesicht verlieren – aber der Chef ebenso. Denn dieser Chef hätte die Regel zur Gesichtswahrung missachtet.

Das Gesicht des anderen zu respektieren und ihn nicht durch eigenes Tun in unangenehme Situationen zu bringen, ist professionelles Verhandlungsverhalten, das sich unbedingt auch für westliche Verhandlerinnen empfiehlt. Wenn Sie ein freundliches, entgegenkommendes Verhalten zeigen, dann geben Sie Ihrem Verhandlungspartner die Möglichkeit, sich Ihnen gegenüber zu öffnen und Ihnen zu vertrauen.

8. Wer wirklich die Macht hat

»Kann ich Verhandlungen mit meinem Chef überhaupt gewinnen?«, fragen mich Teilnehmerinnen meiner Seminare oft. »Die da oben sitzen doch eigentlich immer am längeren Hebel.« Die gute Nachricht ist: Mit dieser landläufigen Meinung liegen Sie falsch. Macht, liebe Leserin, ist ein subjektives Gefühl! Am längeren Hebel sitzt die Partei, die mehr *Verhandlungsmacht* hat. Und Verhandlungsmacht ist nicht gleichbedeutend mit ökonomischer Macht oder hoher gesellschaftlicher Stellung.

Eines der spektakulärsten Beispiele hierfür sind die jahrzehntelangen Verhandlungen um den Bau eines Casinos in der US-amerikanischen Stadt Atlantic City. Es ist die Geschichte zweier ungleicher Verhandlungsparteien: der Witwe Vera Coking, die ein kleines Gästehaus in guter Lage besaß, und zweier einflussreicher Millionäre, die just auf diesem Gelände einen Casinokomplex bauen wollten. Penthouse-Verleger Robert Guccione begann das Projekt 1979; Donald Trump übernahm es, als Guccione aufgab. Beide Männer versuchten erst mit Lockangeboten, später mit Drohungen und Klagen, Frau Coking zum Verkauf ihres Häuschens zu bewegen. Coking aber interessierte das nicht. Sie wollte einfach nur da wohnen bleiben, wo sie zuhause war. Ein Gericht bestätigte schließlich unwiderruflich Cokings Eigentumsrechte. Die unbeugsame Lady ging als »Trumps Geschwür« in die Geschichte der gescheiterten Immobilienverhandlungen ein.

Die standhafte Bürgerin Coking besaß gegenüber den millionenschweren Immobilienmagnaten Guccione und Trump mehr Verhandlungsmacht: Sie hatte gesetzlich verbriefte Rechte auf ihrer Seite.

Die Verhandlungsmacht liegt bei der Partei, die die besseren Hebel hat. Der englische Fachbegriff dafür lautet *leverage*. Ein herrlich neutraler Begriff für die Druckmittel, die wir in Verhandlungen einsetzen – und die über Verhandlungserfolge entscheiden. Machen Sie es wie Vera Coking: Lassen auch Sie sich nicht von der gesellschaftlichen Position Ihrer Verhandlungspartner beeindrucken. Checken Sie stattdessen genau, welche Hebel Sie ansetzen können.

Es lassen sich drei Formen von Hebelansätzen unterscheiden:

Der **positive** Hebel ist die sprichwörtliche Karotte, die man störrischen Maultieren vor die Nase hält:»Das kann ich dir geben, wenn du dich bewegst.« Im Büroalltag könnte das so klingen:»Wenn Sie mir das heute noch fertig machen, können Sie Freitag frei nehmen.«

Der **negative** Hebel ist der Schaden, den Sie jemandem zufügen können,»der Ärger, den ich dir machen kann«. Im Büroalltag:»Wenn das heute nicht mehr klappt, sehe ich für Freitag schwarz.«

Der **normative** Hebel funktioniert nach dem Motto:»Dies ist das Prinzip, für das du stehst – verhalte dich entsprechend.« Im Büroalltag: »Sie hatten sich ja sehr für die Einführung der Teilzeit eingesetzt. Jetzt zeigen Sie mir mal, wie das in diesem Projekt funktioniert.«

Normative Hebel funktionieren, weil wir Menschen gern als vernunftgesteuerte Wesen wahrgenommen werden möchten. Wir versuchen, uns zumeist»folgerichtig« zu verhalten, also in Übereinstimmung mit Standpunkten, die wir vertreten, und gemäß den Werten und Prinzipien, für die wir einstehen. Wir widersprechen uns eben nicht gern.[18]

Psychologen sprechen von der Folgerichtigkeitsfalle (consistency trap), die clevere Verhandler rhetorisch geschickt mit der mehrfachen Ja-Frage-Strategie ausnutzen. Haben wir mehrmals hintereinander auf scheinbar harmlose Fragen»ja« gesagt, fällt uns das nächste»Ja« leicht. Unser Denken hat dann die Dynamik einer Kugel auf dem Billardtisch: Was erst mal in eine bestimmte Richtung rollt, ist schlecht aufzuhalten.

Mit der Ja-Fragetechnik die Kugel ins Rollen bringen

Diese rhetorische Technik können sie gut vorbereiten, und sie kann psychologisch-unterschwellig Wunder wirken. Die Ja-Technik beruht auf der Überzeugung, dass ein Nein in Verhandlungen wenig hilfreich ist, weil es der Stolz desjenigen, der einmal Nein gesagt hat, nicht erlaubt, es zurückzunehmen. Wer hingegen seinen Verhandlungspartner dazu bringt, mehrfach hintereinander Ja zu sagen, der lenkt das Unterbewusstsein in eine bestimmte Richtung – so wie eine Billardkugel auf dem Spieltisch: Ist die Kugel erstmal ins Rollen gebracht, bedarf es einiger zusätzlicher Energie, um sie wieder aus ihrer Bahn zu bringen.[19]

Bei der Ja-Technik stellen Sie nacheinander zwei oder drei Fragen, die Ihr Gegenüber ohne langes Nachdenken mit Ja beantworten kann – ausgesprochen oder im Stillen für sich, wie in dem folgenden Beispiel. Die ersten beiden Fragen sind allgemein genug, dass jede halbwegs verantwortliche Führungskraft sie ohne langes Nachdenken positiv beantworten kann:

- »Ich nehme an, Ihnen liegt die reibungslose Performance des Teams genauso am Herzen wie mir?«
  Lassen Sie eine kleine Pause für das erste Ja.
- »Sollten wir dazu nicht auch ab und an über das unmittelbare Tagesgeschäft hinausdenken, wie die in Zukunft gesichert werden kann?«

Auch hier können Sie sich eines Jas gewiss sein, denn es berührt das strategische Denken einer Führungskraft.

- »Kann ich mit Ihnen in dieser Woche mal über den Fortbildungsbedarf sprechen, der sich bei uns andeutet?«

Übung

Vergegenwärtigen Sie sich eine Verhandlungssituation – eine vergangene oder eine bevorstehende –, und formulieren Sie für sich so präzise wie möglich ein Verhandlungsziel, das Sie erreichen möchten oder das Sie damals hatten. Schreiben Sie dieses Ziel auf.

Dann nehmen Sie sich einige Minuten und überlegen Sie drei Fragen, die Sie eine nach der anderen Ihrem Verhandlungspartner stellen können. Drei Fragen, die in Richtung Ihres Ziels führen und die Ihr Gegenüber leicht und spontan mit »Ja« beantworten könnte. Am Ende stellen Sie dann eine entscheidendere Frage für Ihr Verhandlungsziel. Probieren Sie es aus!

Die Chance für das Ja bei dieser Frage sind durch die beiden vorangegangenen gestiegen.

Die Ja-Technik funktioniert auch deshalb, weil Sie damit das Grundbedürfnis eines jeden Menschen nach Autonomie ansprechen, eine Wahl treffen zu können.

Wie normative Hebel funktionieren

Um normative Hebel anwenden zu können, müssen Sie schon einiges Hintergrundwissen über Ihr Gegenüber haben. Und das geht so: Sie bringen Ihren Verhandlungspartner dazu, sich zu Standards, Themen, Werten oder Normen zu bekennen, die für ihn relevant sind. Gern auch zu Prinzipien, die Sie miteinander teilen. Zum Beispiel, dass Ihnen das Wohlergehen der Mitarbeiter wichtig ist. Dann können Sie darauf Bezug nehmen, am besten in einer Situation, in der er sich selbst widersprechen müsste – was er eher nicht tun wird. Weil es sich psychologisch nicht gut anfühlt. Wie gesagt: Wir widersprechen uns eben nicht gern.

Ein konkretes Beispiel dafür ist die Verhandlung meiner Kollegin Lena.

Lena wollte in ihrem Job von Vollzeit auf Teilzeit gehen. Doch ihr Chef lehnte das rundheraus ab. Schließlich möchte man von einer guten Mitarbeiterin so viel Leistung wie möglich erhalten. Ein Jahr später nahm Lena erneut einen Anlauf. Diesmal aber sorgfältig präpariert mit einer – wahren – Geschichte: Sie schilderte ihrem Chef die Situation ihrer alternden Mutter, die weit entfernt von Lenas Wohn- und Arbeitsort lebt. Sie schilderte mit einigen Beispielen die Sorge um ihre Mutter, die zunehmend ihre Hilfe brauchte. Zum Abschluss erinnerte sie ihren Chef daran, dass auch er diese Situation kenne, da ja auch seine Mutter entfernt von ihm lebte. Diesmal kam Lena mit ihrem Wunsch nach Teilzeitarbeit durch. Denn kein Mensch möchte sich schlecht fühlen, weil er keine Rücksicht auf die Bedürfnisse von Müttern nimmt.

Sie sehen, wie wirkungsvoll es sein kann, wenn Sie Ihre Forderung innerhalb eines – für Ihren Verhandlungspartner gültigen – Wertestandards formulieren.

Ähnlich lief es bei Souad Mekhennet, Journalistin und Autorin des Buches *Nur wenn Du allein kommst*, als sie einen Terroristenführer in Jordanien für ihr Buch interviewen wollte. Er weigerte sich so lange, bis seine Mutter in den Raum eintrat und Souad sich an sie wandte: Sie, Souad, sei extra angereist und würde ihren Job verlieren, wenn das Gespräch jetzt nicht stattfinden würde. Die Mutter wusch ihrem Sohn daraufhin energisch den Kopf. Und Souad erhielt ihr Interview. Selbst bei einem Terroristen funktioniert dieser normative Hebel, wenn das Gebot des Respekts vor den Eltern auch in seiner Kultur gilt.[20]

Die Werte und Motive Ihres Gegenübers zu kennen, ist also sehr nützlich, um sie als Hebel einzusetzen. Jedes »Ich will…« oder »Ich möchte…« Ihres Gegenübers ist – bildlich gesprochen – ein Gewicht auf Ihrer Seite der Waagschale. Denn es gibt Ihnen die Möglichkeit zu überlegen: Was kann ich meinem Verhandlungspartner dafür geben? Wenn Ihr Verhandlungspartner Sie zur Lösung seines Problems braucht, dann sitzen Sie am längeren Hebel.

Die eigene Position bestimmen

Was aber tun Sie, wenn Sie tatsächlich in der schwächeren Position sind? Und wie finden Sie das heraus? Fragen Sie sich zuallererst: »Welche Seite hat am meisten zu verlieren, wenn wir uns nicht einigen?«[21]

Generell gilt: Die Partei, die weniger Interesse hat, den Status quo, also die bestehende Situation, zu verändern, hat in der Regel – zunächst – den stärkeren Hebel, weil diese Partei nicht verhandeln muss. So war es bei Vera Coking, die einfach nur in ihrem Haus bleiben wollte.

Dies ist aber – glücklicherweise – keine feststehende Situation, sondern ein dynamischer Prozess, der sich während der Verhandlung jederzeit ändern kann.

Sollten Sie feststellen, dass Sie sich in der schwächeren Position befinden, gibt es eine – auf den ersten Blick – widersinnige Taktik: Erkennen Sie die Überlegenheit des anderen an, und konzentrieren Sie sich darauf, eine gute Arbeitsbeziehung zu ihm aufzubauen. Lassen Sie ihn reden und halten Sie währenddessen Ausschau nach Hebelansätzen: Wenn Sie nämlich etwas finden, das Ihr Gegenüber unbedingt haben will und das Sie ihm geben können (die Karotte) – dann haben Sie einen positiven Hebel gefunden. Wenn Sie etwas finden, was Sie Ihrem Verhandlungspartner wegnehmen oder vorenthalten können – dann haben Sie einen negativen Hebel gefunden. Und wenn Sie sich daran erinnern, welch starke Rolle die sozialen Bedürfnisse in Verhandlungen spielen, dann brauchen Sie nur Ihre Augen aufzuhalten und genau hinzuhören: Für Status- oder Beziehungsbedürftige können Sie eigentlich immer etwas bereithalten – sei es die ausdrückliche Anerkennung vor allen Mitgliedern der Verhandlungsgruppe im Raum oder das Versprechen einer engen Zusammenarbeit auf Augenhöhe (Kapitel 5). Wenn Sie herausfinden, welche Werte, Standards, Prinzipien oder Themen für Ihr Gegenüber zählen, dann formulieren Sie Ihre Forderung innerhalb dieser, für Ihren Verhandlungspartner gültigen Standards – und arbeiten Sie mit einem normativen Hebel. So wie es meine Kollegin Lena gemacht hat, als sie ihre Teilzeittätigkeit verhandelte.

Es kann vorkommen, dass Ihnen aggressiv-drängende Verhandler gegenüberstehen. Wer glaubt, die Macht zu haben, neigt dazu, Druck auszuüben. Sie sind dann gezielten Provokationen ausgesetzt, die Sie stressen sollen, um Sie aus dem Konzept zu bringen, hinein ins *Reagieren* und Nachgeben. Das lässt sich immer wieder beobachten: Eltern-Kind-Verhandlungen im Supermarkt, testosterongesteuerte Führungskräfte mit Mitarbeitern, Auftraggeber mit Lieferanten. Wenn jemand Ihnen auf diese Weise kommt und Sie einen Hebel gefunden haben, antworten Sie Ihrem Gegenüber auf der gleichen Ebene – *Tit for Tat*: Gleiches mit Gleichem vergelten. Drängende Verhandlungspartner müssen manchmal erst spüren, dass die Macht auch auf Ihrer Seite liegt, um sich zu entschließen, mit Ihnen über Details zu verhandeln. Denken Sie immer daran: Macht ist ein subjektives Gefühl! Lesen Sie dazu auch das Interview mit der Betriebsratsvorsitzenden Martina Klee am Ende dieses Buches, die Verhandlungsrunden nach 22 Uhr einfach nicht mitmacht.

9. Warum Ihr Verhandlungsspielraum viel größer ist, als Sie denken

Ihre Ziele steuern Ihr Verhalten. Aber nur, wenn Sie das, was Sie erreichen wollen, auch sprachlich klar formuliert haben. Sie meinen, das ist selbstverständlich? Sie wissen doch, was Sie wollen? Dann beantworten Sie folgende Frage:

Sie möchten von Ihrem Chef eine Gehaltserhöhung in Höhe von 150 Euro monatlich. Er bietet Ihnen stattdessen eine Fortbildung im Wert von 4 200 Euro an, die die Firma zahlt. Würden Sie dann zugreifen? Wofür wollten Sie die Gehalterhöhung haben? Um sich eine – wesentlich günstigere – Fortbildung zu leisten? Oder wollten Sie dauerhaft eine finanzielle Besserstellung erreichen? Der angebotene Betrag würde nach Steuerabzug nicht mal zwei Jahren entsprechen. Oder lassen Sie sich auch auf 100 Euro monatlich runterhandeln – weil es Ihnen eigentlich weniger ums Geld ging als um einen Ausdruck von Anerkennung für Ihr Engagement?

An den Anfang Ihrer Verhandlungsvorbereitung gehört, dass Sie sich darüber klarwerden, was Sie erreichen wollen. Nehmen Sie sich Zeit, das sprachlich so genau wie möglich vorab zu formulieren. Das hilft Ihnen dabei, sich später in der Verhandlung ganz auf den Prozess konzentrieren zu können. Mit unscharf formulierten Zielen machen Sie es sich nur selbst schwer – weil es dazu führt, dass Sie im Verhandlungsprozess plötzlich die Energie darauf verwenden, mit sich selbst zu verhandeln statt mit Ihrem Gegenüber.

Fragen Sie sich also vor der Verhandlung: Was will ich? Was ist mein Ziel, und welche Themen will ich verhandeln? Überlegen Sie sich das genau, und schreiben Sie es auf. Dazu gehört unbedingt auch, dass Sie sich ehrlich über tiefer liegende Motive klar werden. Zum Beispiel über die Frage, ob es Ihnen im obengenannten Beispiel um Geld oder (auch) um Anerkennung geht. Gehen Sie mit sprachlich klaren und rationalen Vorstellungen in die Verhandlung. Auch auf die Gefahr, dass ich mich wiederhole: Verhandlungen führen Sie mit dem Denkhirn, nicht mit der Hirnregion, die für Gefühle zuständig ist.

Klären Sie bitte auch für sich: Bei welchem Angebot steige ich aus? Bei einer Auktion sollten Sie sich ja auch ein Limit setzen. Wenn Sie das nicht vorher für sich festgelegt haben, können Sie von Ihren aufwallenden Emotionen und Impulsen gelenkt werden. Das gilt genauso für geschäftliche Verhandlungen.

Dazu gibt es eine ganz einfache Methode: Sie legen im Vorhinein einen Maximum- und einen Minimumbetrag fest. Sie überlegen sich also, zu welchem maximalen Preis Sie Ihre Leistung oder Ihr Produkt anbieten, und ebenso einen Minimumbetrag, unter den Sie nicht gehen wollen. Dieses Minimum nennen wir in der Verhandlungssprache den *Walk-Away-Point*. Denn wenn Sie Ihr Minimum nicht erreichen, dann sollten Sie tatsächlich bereit sein, aus der Verhandlung auszusteigen, damit Sie nicht bei einem Ergebnis landen, das Sie bereuen. Klingt simpel, oder?

Ich hatte im Coaching eine Frau, die jahrelang mit sich haderte, weil sie es versäumt hatte, sich genaue Gedanken darüber zu machen, wo ihre Grenzen liegen, als sie auf ihre Bewerbung hin von der Firma X zu einem Vorstellungsgespräch eingeladen worden war. In einer Überrumpelungsaktion hatte sie sich von ihrem Vorgesetzten viel zu billig einkaufen lassen und fühlte sich später über den Tisch gezogen, als sie erfuhr, was andere in der Firma verdienten. Da war sie aber schon mittendrin im firmeneigenen Tarifsystem und musste erst auf das Auslaufen ihres Vertrages warten, ehe sie – diesmal gut vorbereitet – den Sprung in eine höhere Gehaltsklasse verhandeln konnte.

Zwischen dem Minimum und dem Maximum spannt sich das Verhandlungsfeld, die sogenannte ZOPA – die *Zone Of Possible Agreement* –, der »Bereich der möglichen Übereinkunft«. Wenn Ihr Minimum für den neuen Job beispielsweise bei 55 000 Euro Jahresgehalt liegt, Ihr Maximum bei 65 000 Euro und Ihr Verhandlungspartner eine Spanne zwischen 50 000 und 57 000 Euro festgelegt hat, dann läge die Zone der möglichen Übereinkunft gerade mal zwischen 55 000 Euro (Ihrem Minimum) und 57 000 Euro (dem Maximum Ihres Verhandlungspartners). Das heißt, Sie können miteinander gerade mal über 2 000 Euro mehr oder weniger an Gehalt verhandeln. Diese ZOPA ist aber nur die engere Verhandlungszone, nämlich die, in der es um Geldbeträge geht. Es lässt sich aber um viel mehr verhandeln. Und das ist Ihre Chance.

Wenn es um das Verhandeln im Businesskontext geht, denken viele, besonders Berufsanfänger: Es geht letztlich immer ums Geld. Das günstigste Angebot gewinnt. Das ist aber keineswegs so. Sie haben schon im fünften Kapitel gesehen, dass auch bei Mergers und Acquisitions soziale Bedürfnisse ausschlaggebend mit am Verhandlungstisch sitzen. Meine kleine Geschichte aus dem zweiten Kapitel zeigt, dass der Preis in bestimmten Situationen nicht die entscheidende Rolle spielt:

Das Ladekabel im Internet kostete 1,99 Euro. Ich hätte zwei Tage warten müssen, um es zu bekommen. Im Laden erwarb ich das Kabel für 12,50 Euro – mehr als sechsmal so teuer! Dafür war mein Telefon aber sofort wieder einsatzfähig, und ich war glücklich. Der Preis spielte für mich in diesem Fall eine untergeordnete Rolle. Es zählt also keineswegs immer das *günstigste* Angebot. Es zählt das *passende* Angebot.

Deshalb sollten Sie die ZOPA unbedingt weiter gefasst definieren – das gibt Ihnen viel mehr Verhandlungsspielraum.

Forderungen geschickt platzieren

Stellen Sie sich den Verhandlungstisch mal als eine Art Billardtisch mit vielen Kugeln vor. Sie schauen von oben, aus der Vogelperspektive, darauf. An den Stirnseiten sehen Sie jeweils sich und Ihren Verhandlungspartner sitzen. Die Billardkugeln symbolisieren die Forderungen, die Sie gleich miteinander über den Tisch austauschen werden. Auf der Seite Ihres Verhandlungspartners sind links und rechts in der Ecke die bei einem Billardtisch typischen Löcher, in die Sie Ihre Kugeln, Ihre Forderungen, einlochen möchten. Auf Ihrer Seite des Tisches sind in den

Ecken die gleichen Löcher. Dort möchte Ihr Verhandlungspartner seine Forderungen einlochen. Zwischendrin haben Sie mehrere schwarze Löcher, fünf an der Zahl, in die Sie auf keinen Fall aus Versehen einlochen möchten. Denn da treffen Sie auf die fünf sozialen Grundbedürfnisse (siehe Kapitel 5). Und wenn Sie darin Ihre Kugel versenken, indem Sie jemanden in seinen Grundbedürfnissen verletzen, wird sich das sehr nachteilig auf das Verhandlungsspiel auswirken. Tatsächlich ist jetzt die gesamte Tischfläche Ihr Spielfeld – Ihre ZOPA. Sie haben einen ganzen Sack von Kugeln mitgebracht – einen ganzen Sack von Forderungen also. Richtwert: zehn Stück. Warum so viele? Je mehr Ihrer Kugeln im Spiel sind, desto mehr Material haben Sie für das ausgedehnte Verhandlungsspiel. Je geschickter Sie damit hantieren, desto mehr Forderungen können Sie einlochen.

Bleiben wir bei der Gehaltsverhandlung: Welche Forderungen könnten Sie mit hineinnehmen? Geldwerte Ersatzleistungen zum Beispiel: vom Jobticket über eine Bahncard 100, vom Dienstwagen bis zum Weiterbildungspaket, flexible Arbeitszeit und Homeofficezeiten, Büroausstattung, Altersvorsorgeprodukte, Umzugskostenbeihilfe, Mitsprache bei der Einstellung von Personal in Ihrem Bereich, einen Posten in einem einflussreichen Gremium, eine zusätzliche Assistenz und so einiges mehr.

Wenn Sie nachdenken, können Sie für jede Verhandlung mehrere Optionen finden, die Sie gern hätten, weil sie Ihnen geldwerte oder andere willkommene Vorteile bringen. Brainstormen Sie verschiedene Ideen mit Freunden und Bekannten. Auch wenn die wenig von der Materie verstehen, um die es in der Verhandlung gehen wird, können ihnen interessante Optionen für Forderungen einfallen. Wenn der Chef kein Budget für eine Gehaltserhöhung hat, können Sie vielleicht eine verringerte Arbeitszeit vereinbaren, die Ihnen den täglichen Stau während der Rushhour erspart – und damit Ihren Arbeitsalltag stressfreier werden lässt. Es geht ja keineswegs immer nur um den monetären Wert einer Sache. Brainstormen Sie bei der Vorbereitung zunächst einfach drauf los. Aussortieren können Sie immer noch. Je mehr Forderungen Sie mit an den Verhandlungstisch bringen, desto mehr haben Sie zum Austauschen.

Das ist nützlich, wenn Sie eine Win-Win-Übereinkunft erreichen wollen, also eine Übereinkunft, mit der beide Verhandlungsparteien gleichermaßen zufrieden sind. Verhandlungswerte kreieren statt Verhandlungswerte einfordern[22] lautet die Erfolgsformel immer dort, wo es um mehr geht als nur darum, eine festgelegte, unveränderliche Anzahl von etwas zu verteilen. Nehmen Sie sich die Zeit und schauen Sie, wie Sie den Verhandlungswert vergrößern können, in dem Sie neue Optionen ins Gespräch bringen und damit neue Lösungen ermöglichen. Wenn Sie wissen, was Ihnen wichtig ist und was Ihrem Gegenüber wichtig ist, dann können Sie daraus Verhandlungswerte kreieren, die am Anfang noch nicht so deutlich waren. Genau dafür bringen Sie die vielen Forderungen mit! Verhandeln ist das große Spiel vom Geben und Nehmen.

10. Wie Sie Forderungen und Angebote geschickt präsentieren

Warum es sich lohnt, *viele* Forderungen mit an den Verhandlungstisch zu nehmen, haben wir im vorigen Kapitel ausführlich besprochen. Jetzt geht es darum, wie Sie Ihre Forderungen und Angebote geschickt vorbringen können. Sie brauchen nur drei Schritte, um dafür eine schlaue Strategie zu entwickeln:

- In Schritt 1 entflechten Sie das Bündel der Verhandlungspunkte, also die einzelnen Themen, die zu verhandeln sein werden.
- In Schritt 2 bewerten Sie diese Themen für sich.
- In Schritt 3 setzen Sie diese Themen strategisch zusammen.

Wie das konkret aussieht, beschreibe ich am folgenden Beispiel.

Ina ist selbstständige Informatikerin und verkauft IT-Lösungen für Online-Shops, also maßgeschneiderte Softwareprodukte für Firmen, die ihre Ware über das Internet vertreiben wollen. Dazu verhandelt Ina über einen Auftrag mit Hermann Schmidt, dem sie ein Shopsystem nach seinen Vorstellungen entwickeln könnte. Im Vorfeld hat sie mit Herrn Schmidt über die Anforderungen gesprochen, die das Shopsystem erfüllen soll. Jetzt will Ina Auftrag und Preis vertragsreif verhandeln. Bevor sie in die Verhandlung geht, bereitet sie sich in drei Schritten vor:

Schritt 1: Ina listet zunächst die zu verhandelnden Punkte auf. Das sind unter anderen:

- der Preis (Inas Maximum ist 14 900 Euro, ihr Minimum 14 200 Euro),
- die Entwicklungszeit,
- die Anzahl an Korrekturschleifen und
- die Suchmaschinenoptimierung (SEO).

In Schritt 2 überlegt Ina, welche Prioritäten sie hat. So ist es ihr wichtig, einen möglichst hohen Preis zu erzielen. 14 900 Euro hat sie als Maximum festgelegt.

Ebenso wichtig ist ihr aber auch, dass der Shop in enger Zusammenarbeit mit dem Kunden entwickelt wird. Denn Ina weiß, dass eine hohe Anzahl an Korrekturschleifen zwischen Auftraggeber und Auftragnehmer die Zufriedenheit beim Kunden steigert, und sie möchte Hermann Schmidt durch gute Zusammenarbeit als Kunden an sich binden.

Für den Entwicklungszeitraum des Produktes hätte Ina eigentlich lieber mehr Zeit als die von Schmidt geforderten drei Monate, da sie gerade an mehreren Aufträgen parallel arbeitet.

Beim Thema Suchmaschinenoptimierung ist sie sehr flexibel. Dass der Kunde in Suchmaschinen weit oben steht, könnte sie noch später als Extraleistung verkaufen.

Ina hat also klare Präferenzen, wie wichtig diese Themen für sie sind und wie sie diese anbieten will. Entsprechend markiert sie nun die aufgelisteten Themen mit drei verschiedenen Farben:

- Mit rot markiert sie Themen, die ihr sehr wichtig sind,
- mit gelb wichtige, aber noch flexibel verhandelbare Themen,
- mit grün markiert sie Verhandlungspunkte, bei denen sie gut nachgeben könnte – Spielgeld sozusagen.

In Schritt 3 schnürt Ina nun aus den einzelnen Verhandlungspunkten Pakete. Sie wird die Punkte in verschiedenen Kombinationen verhandeln – und zwar in Kombinationen, mit denen sich Ina in jedem Fall einverstanden fühlen kann. Das nenne ich »Angebotspakete packen«.

Das sieht bei Ina so aus:

- Paket A enthält alle Leistungen im vollen Umfang: Für 14 900 Euro würde Ina ihrem Kunden die Software innerhalb von drei Monaten entwickeln mit einer nicht festgelegten Anzahl von Korrekturschleifen, inklusive Suchmaschinenoptimierung.
- Paket B gibt es zum Preis von 14 500 Euro. Dafür würde Ina die Software innerhalb von sechs Monaten entwickeln mit einer limitierten Anzahl von Korrekturschleifen und einer lediglich rudimentären Suchmaschinenoptimierung.

- Paket C gibt es zum (Minimum-)Preis von 14 200 Euro. Darin fordert Ina eine Entwicklungszeit von acht Monaten, eine limitierte Anzahl von Korrekturschleifen, ohne Suchmaschinenoptimierung.

Ina verhandelt ihre Angebote nicht einzeln nacheinander, sondern parallel miteinander verknüpft. Der Vorteil dieser parallelen Angebotsstrategie: Ina gibt ihrem Verhandlungspartner die Möglichkeit, zu den vorgebrachten Punkten nicht einzeln Stellung nehmen zu müssen, sondern innerhalb der Pakete Veränderungen vorzunehmen. Ina erkennt so auch leichter die Präferenzen ihres Verhandlungspartners.

Schmidt: »Es tut mir leid, Frau Meier, der Preis ist für uns zu hoch. 14 900 Euro übersteigen das Budget, das wir dafür haben. Aber vielleicht könnten Sie die Suchmaschinenoptimierung erstmal raus lassen? Die könnten wir dann doch später noch vornehmen, oder?«

Ina: »Ja, Herr Schmidt, wenn Sie weniger investieren wollen, dann kann ich Ihnen das zu folgenden Konditionen anbieten: Dass Sie mir statt der drei Monate sechs Monate Entwicklungszeit lassen, bei begrenzter Anzahl von Korrekturschleifen. Wenn Sie möchten, könnte ich Ihnen am Ende noch eine persönliche Anleitung geben, wie Sie eine erste Suchmaschinenoptimierung leicht selbst vornehmen könnten. Wäre das eine Option für Sie? Dann lägen wir bei 14 500 Euro.«

Ina bleibt standhaft bei den Verhandlungspunkten, die ihr wichtig sind – sie geht also nicht unter ihr Minimum von 14 200 Euro –, und flexibel bei den Punkten, die ihr weniger wichtig sind. Ina macht es wie morgens vor dem Spiegel, wenn sie ihr modisches Outfit aus Kleidungsstücken und Accessoires zusammenstellt: Sie »mixt und matcht«. In diesem Fall mixt und matcht sie verschiedene Angebote. Ich lade Sie ein: Mixen und matchen Sie jetzt doch einfach mal probeweise Ihre Angebotspakete für eine Verhandlungssituation, die Sie im Kopf haben: entweder eine bevorstehende oder als Nachbereitung für eine vergangene.

Wenn Sie diese parallele Angebotsstrategie zur Vorbereitung ihrer Verhandlung anwenden, dann nehmen Sie möglichst viele Punkte mit in die Verhandlung. Zehn ist der Richtwert. Denn es gilt: Je mehr Forderungen Sie mitbringen, desto flexibler sind Sie, etwas hinzuzupacken oder wegzunehmen.

Und wie gehen Sie damit in der Verhandlung selbst vor? Präsentieren Sie zunächst ein Paket – zum Beispiel das mit Ihrer Maximalforderung. Wenn das nicht klappt, gehen sie zum nächsten über.

Dieses In-Relation-Verhandeln entspricht der menschlichen Psyche. Überlegen Sie mal, wie oft Sie ganz unbewusst vergleichen, wenn Ihnen jemand von seinem Problem erzählt. Wir fragen uns dann unwillkürlich: Hatten wir so ein Problem auch schon mal? Kennen wir jemanden oder einen Weg, eine Dienstleistung oder ein Produkt, mit dem wir dieser Person bei der Lösung ihres Problems behilflich sein können? Wir Menschen vergleichen viel – mit dem, was wir kennen, und mit dem, was uns wichtig ist. Wir sehen Dinge in Relation – in Erinnerung an das, was bei uns schon mal gut oder weniger gut funktioniert hat, in Relation zu unseren Werten, zu dem, was wir für wichtig befinden.

Mit dieser parallelen Angebotsstrategie haben Sie ein Tool an der Hand, das Ihnen viele Möglichkeiten verschafft: Es hilft Ihnen im Vorfeld, Ihre Angebote und Forderungen gut zu durchdenken und sie in der Verhandlung rational und in Relation zu präsentieren. Und Sie bleiben flexibel, weil Sie zugleich immer Plan B und C parat haben.[23]

Übung

Wenn Ihnen diese Strategie gefällt, können Sie sie noch ausgedehnter anwenden. Erweitern Sie das Raster auf Ihrem Papier um drei weitere Spalten

In der vierten Spalte steht als Überschrift:
Wie bewertet mein Verhandlungspartner die Verhandlungspunkte?

In der fünften Spalte:
Welche für meinen Verhandlungspartner relevanten Standards/ Werte/Themen sind damit verknüpft?

In der sechsten Spalte:
Wie könnte ich diesen Standards/Werten/Themen entsprechen?[24]

Mit diesen zusätzlichen Fragen durchdenken Sie die Verhandlung aus der Perspektive Ihres Verhandlungspartners. Das hilft Ihnen herauszufinden, wo Sie vielleicht noch intensiver über Ihren Verhandlungspartner recherchieren müssen, weil Sie ihn nicht einschätzen können. Zudem hilft es Ihnen, mögliche Hindernisse zu erkennen, die in der Verhandlung auftauchen könnten. So agieren Sie während des Verhandlungsprozesses souveräner. Alles, was Sie im Voraus bedacht haben, stresst Sie weniger, weil Ihr Gehirn dieses Szenario bereits kennt. So bleiben Sie rational und voll verhandlungsfähig.

11. Was BATNA bedeutet und warum Erwartungsmanagement weiterhilft

Es macht einen Unterschied, ob Sie in ein Vorstellungsgespräch mit einem weiteren Jobangebot in der Tasche gehen oder ob diese Bewerbung Ihre einzige Option ist.

Das gilt auch für andere wichtige Deals, die Sie abschließen wollen. Eine attraktive Alternative zu haben, erhöht Ihre Verhandlungsmacht: Sie können selbstbewusster auftreten und Forderungen kompromisslos vorbringen, weil Sie auf diesen Verhandlungsabschluss nicht unbedingt angewiesen sind. Wenn Sie hingegen keine attraktive Alternative zum anstehenden Deal haben, dann werden Sie wahrscheinlich kompromissbereiter verhandeln.

In der Fachliteratur für Verhandlungsführung nimmt darum das BATNA einen großen Raum ein. BATNA steht für *Best Alternative To a Negotiated Agreement* – die »beste Alternative zu einer verhandelten Vereinbarung«. Meint: Wie stehe ich da, wenn der Deal platzt?

Das BATNA zu bedenken, gehört zur Vorbereitung. Dabei können Ihnen folgende Fragen helfen:

1. Welche Option (Deal oder BATNA) erzeugt höhere *Kosten*? Wollen Sie diese Kosten tragen?
   Damit denken Sie über die finanziellen Auswirkungen der Verhandlung nach.
5. Was lässt sich *realistisch* und am *einfachsten* umsetzen?
   Damit denken Sie über die *Machbarkeit* eines Deals beziehungsweise der Alternative nach.
6. Wie wirkt sich das auf Ihre Gesamtsituation aus?
   Damit denken Sie über die weitreichenden *Konsequenzen* Ihrer Entscheidung nach.

Wenn Sie eine wirklich attraktive Alternative zum anstehenden Deal haben, kann es sich lohnen, das Ihrem Verhandlungspartner zu signalisieren. Zum Beispiel beim Bewerbungsgespräch, in das Sie mit dem Bewusstsein eines weiteren Jobangebotes hineingehen: »Da ich noch ein anderes attraktives Angebot habe, würde ich mich gern mit Ihnen noch mal eingehender über Ihre Konditionen austauschen ...«

In den meisten Fällen ist es aber nicht ratsam, Ihrem Gegenüber Ihr BATNA zu enthüllen. Zum Beispiel, wenn Sie Ihren Gebrauchtwagen verkaufen wollen und dem Käufer Ihre Alternative enthüllen:

Sie: »Der Listenpreis für einen Wagen in diesem Zustand liegt bei 15 000 Euro. Können Sie im Internet nachschauen. Gestern bot mir ein anderer Interessent 9 500 Euro, was angesichts des guten Zustands wirklich zu wenig ist. Ich biete Ihnen meinen Wagen also zum Preis von 10 800 Euro an.«

Kaufinteressent: »Das Auto scheint tatsächlich gut in Schuss zu sein. Wie auch immer, beim Händler nebenan steht ein vergleichbares Auto für 10 000 Euro. Ich kann Ihnen 9 600 Euro bieten, und wenn Sie einverstanden sind, schließen wir den Kaufvertrag gleich heute ab.«

Weil Sie in diesem Fall dem Kaufinteressenten Ihre Alternative enthüllt haben (jener Interessent, der 9 500 Euro bot), hat dieser Käufer keinen Grund, Ihnen wesentlich mehr zu bieten – zumal er als eigenes BATNA den vergleichbaren Wagen beim Händler nebenan kaufen kann – oder das zumindest behauptet.

BATNA ist also eine Alternative, falls es mit der Verhandlung nicht klappt: Entweder eine andere attraktive Option (das zweite Jobangebot) oder zumindest das konkrete Wissen darum, was Sie erwartet, wenn Sie keinen Deal abschließen. In letzterem Fall ist das BATNA schlicht die psychologische Rückenstärkung, die Sie brauchen, um nicht ins Bodenlose fallen. So wie das Netz für Zirkusartisten die beste Alternative zum freien Fall ist. Dennoch schwingt sich kein Artist aufs Trapez mit dem Gedanken, dass er sich eigentlich nicht besonders anstrengen muss, weil er auch beim Scheitern seiner Nummer am Leben bleibt, oder? Im Gegenteil: Er gibt sein Bestes, damit das Kunststück gelingt.

Ninja Turtles und Superwoman ziehen ohne BATNA in den Kampf. Wenn Sie aber eher ein zaghafter Typ sind, der nicht gern verhandelt, oder wenn Sie zu schnellen Kompromissen neigen, dann tendieren Sie möglicherweise auch dazu, eher aufzugeben als andere – nach dem Motto:»Ich wusste ja, dass es nicht klappt.« In solchen Fällen kann das BATNA als Ausrede herhalten für ein Scheitern, das Sie durch mangelnde Beharrlichkeit selbst herbeigeführt haben.

Bewusst mit Erwartungen umgehen

Ja, Verhandlungen können scheitern. Es ist legitim, wenn zwei Verhandlungspartner feststellen:»Wir stimmen darin überein, dass wir nicht übereinstimmen.« Doch bevor es so weit kommt, sollten Sie sich doch angestrengt und alle verfügbaren Optionen ausgelotet zu haben. Schauen Sie noch mal in Kapitel 8, 9 und 10, wie Sie Verhandlungswerte kreieren.

Zur Vorbereitung Ihrer Verhandlungsziele empfehle ich, nicht allzu viel Zeit und Gehirnschmalz aufzuwenden, um eine beste Alternative zu entwerfen. Denn sonst laufen Sie Gefahr, Ihr BATNA mit einem erstrebenswerten Ziel zu verwechseln. Und dann lassen Sie möglicherweise die Verhandlung zu schnell fallen, wenn es mühsam wird. Deshalb behält der turnende Artist in der Zirkuskuppel das Netz nicht im Auge. Er konzentriert sich auf seine Performance.

Machen Sie es also wie der Zirkusakrobat: Präparieren Sie bei der Vorbereitung Ihr BATNA als psychologisches Sicherheitsnetz. Aber ziehen Sie sich nicht darauf zurück, wenn es Ihnen in der Verhandlung zu unbequem wird. Lassen Sie das BATNA nicht zu Ihrer Achillesferse werden.[25].

Die entscheidende Frage, um selbstsicher in Verhandlungen zu bestehen, ist eigentlich eine andere. Woran sollten Sie sich orientieren: an Ihrem höchstmöglichen Ziel oder am kleinsten?

Die Antwort lautet: Gehen Sie ganz bewusst mit Erwartungen um. Mit Ihren und denen Ihrer Verhandlungspartner.

Erwartungen sind tricky. Erwartungen beeinflussen messbar unsere Gehirnleistung. Die lässt sich unter anderem am Dopaminspiegel messen, jenem chemischen Botenstoff, den man auch die »Chemie des

Interesses« nennt. Positive Erwartungen befördern den Dopaminausstoß im Gehirn. Das bewirkt in unserem sprachlich-rationalen Gehirnteil – dem präfrontalen Cortex – eine erhöhte Aufmerksamkeit, so dass wir uns neugierig und interessiert etwas zuwenden. Negative Erwartungen hingegen verringern den Dopaminausstoß und führen zu einer Bloß-weg-von-hier-Reaktion. Auch unerfüllte Erwartungen nimmt das Gehirn als Bedrohung wahr, weil sie nicht unserem Bedürfnis nach Sicherheit entsprechen.

Ziele, die Sie sich gesetzt haben, sind von vornherein erhöhte Erwartungen. Wenn Sie ehrgeizig und mit hochgesteckten Zielen in eine Verhandlung gehen und sich diese Erwartungen nicht erfüllen, erleben Sie eine Dopaminabwärtsspirale. Dann ist Ihr Denkhirn blockiert, und Sie sind nicht mehr verhandlungsfähig.

Um das zu vermeiden, betreiben Profiverhandlerinnen Erwartungsmanagement bei sich selbst:»Wir haben einen schwierigen Verhandlungsprozess zu erwarten – aber wir wissen, dass wir gut vorbereitet sind!« Machen Sie es genauso. Pflegen Sie vage Erwartungen an das Ergebnis, um sich nicht selbst unter Druck zu setzen. Und freuen Sie sich dann, wenn Ihre Erwartungen übertroffen werden. Ihr sicherheitsbedürftiges Gehirn beruhigen Sie also im Vorfeld am besten damit, dass Sie bewusst gedämpfte Erwartungen an das Verhandlungsergebnis pflegen.

An die Adresse der Verhandlungspartner hingegen werden häufig schon im Vorfeld hohe Forderungen gerichtet, um zu signalisieren: Von unserer Seite sind wenig Zugeständnisse zu erwarten. Bei Politikern läuft das über Medien.

Der damalige CSU-Chef Horst Seehofer verkündete während der sogenannten Jamaika-Verhandlungen 2017 nach der Bundestagswahl,»dass es in vielen Themen zwischen den verhandelnden Parteien inhaltlich noch keine ausreichende Annäherung gäbe.« (Signal 1: Es wird schwierig.)

Dies gelte auch für den Abbau des Soli-Steuerzuschlags:»Das sind schwierige Felder, die zu bearbeiten sind.« (Signal 2: Auch bei diesem Thema wird es schwierig.)

Für die Fortsetzung der Gespräche gebe es kein Zeitlimit. (Signal 3: Ich lasse mich nicht unter Druck setzen.)

Beim umstrittenen Familiennachzug von bereits in Deutschland lebenden Asylbewerbern gehe es um Hunderttausende Personen. «Deshalb können wir einer Lösung, die eine Ausweitung der Zuwanderung zum Ergebnis hat, nicht zustimmen.« (Signal 4: Hier wird es besonders schwierig!)[26]

Wenn Sie in einer festgefahrenen Verhandlungssituation den Dopaminspiegel und damit die Denkfähigkeit wieder anheben wollen, probieren Sie Folgendes: Fordern Sie eine neue, positive Perspektive, indem Sie eine Frage in die Runde stellen:»Stellen wir uns vor, das Problem wäre gelöst – wie würden wir dann weitermachen?« Natürlich können Sie sich das auch still und leise selbst fragen. Das Ziel dabei ist, sich in eine entspanntere, nach vorne gerichtete Stimmung zu bringen, weil Sie sich nicht auf das Problem, sondern auf mögliche Lösungen konzentrieren.[27]

Fazit: Betreiben Sie im Vorfeld Erwartungsmanagement bei sich – und bei Ihren Verhandlungspartnern. Mentale Vorbereitung dient der Denkfähigkeit Ihres Gehirns.

12. Wie Sie Strategie und Taktik entwickeln – und zur rechten Zeit einsetzen

Stellen Sie sich vor, Sie befinden sich in einem langen, dunklen Korridor. Am Ende des Korridors sehen Sie Licht. Da wollen Sie hin. Dieses Licht ist Ihr Ziel. Der Korridor ist Ihr Weg zum Ziel: Ihre Strategie. An der Wand des Korridors ist ein langer Handlauf angebracht, er gibt Ihnen auf dem herausfordernden Weg zusätzlichen Halt. Dieses Gedankenbild macht deutlich: Eine Strategie gibt Ihrer Verhandlung eine klare Richtung und stärkt Sie psychologisch.

Ihre einzelnen Schritte in diesem Korridor sind ein Sinnbild für die Taktik, mit der Sie vorgehen. Die Strategie gibt den Weg vor. Doch in welchen Schritten Sie vorgehen, spielt ebenfalls eine Rolle. Ihre taktischen Schritte aufs Ziel hin können schnell sein oder langsam, mutig oder zögerlich – und Sie können durchaus auch mal stehenbleiben. Viele Verhandlungen benötigen mehrere Runden.

Taktische Mittel sind zum Beispiel:

- Verhandlungspausen machen,
- abschweifend diskutieren,
- Forderungen aggressiv vorbringen, zum Beispiel um den Verhandlungspartner einzuschüchtern oder zu provozieren,
- ultimative Angebote machen,
- die Verhandlung abbrechen.

Dies sind nur einige Beispiele aus einer Vielzahl von taktischen Möglichkeiten. Für ein geschicktes Verhandeln ist es ist auf jeden Fall wichtig, dass Sie Strategie und Taktik unterscheiden können.

Bevor Sie in Verhandlungen einsteigen, stellen Sie sich die entscheidende strategische Frage:»Was will ich in der Verhandlung erreichen?« Wenn Sie ohne eine klare Antwort losziehen, können Sie im Verhandlungsprozess leicht zum Spielball werden. Denn dann stehen Sie nicht in einem Korridor mit einem Ausgang, sondern in einem Irrgarten mit vielen verwirrenden Seitenwegen und Sackgassen.

Ich kenne nicht wenige Verhandlerinnen und Verhandler, die ihre Entscheidungen Schritt für Schritt treffen, von Verhandlungsrunde zu Verhandlungsrunde. Wer so vorgeht, trifft aneinandergereihte und ungenügend durchdachte *taktische* Entscheidungen. Das könnten Sie meinetwegen Strategie nennen, genau betrachtet sind diese Entscheidungen jedoch nur einzelne Reaktionen auf die jeweilige Situation.

Taktische Schritte ersetzen nicht die Strategie, Taktiken sollten der Strategie dienen. Treffen Sie darum Ihre strategischen Entscheidungen nicht Schritt für Schritt. Das ist keine professionelle Art zu verhandeln.

Wenn Sie die passende Taktik für Ihre Strategie finden wollen, dann stellen Sie sich am Anfang unbedingt die Frage: »Wo will ich hin? Wie soll der Deal aussehen, den ich erreichen will?« Taktiken, die sich für distributive Verhandlungsfälle eignen – also für Fälle, in denen Sie um eine festgelegte Summe verhandeln, wenn es darum geht, einen fest definierten Verhandlungswert zu verteilen –, eignen sich nicht unbedingt auch für Fälle, in denen Sie den Verhandlungswert erst mal identifizieren und definieren müssen, wie zum Beispiel bei Kooperationen.

Stellen Sie sich vor: Sie haben eine tolle App entwickelt, die in Fachmagazinen Aufsehen erregt und der gute Marktchancen bescheinigt werden. Ein alter Studienkollege hatte Ihnen mit Rat und Tat bei der Entwicklung geholfen. Eines Tages stellen Sie fest, dass dieser Mann schon seit einiger Zeit mit der App ein schwunghaftes Geschäft betreibt – hinter Ihrem Rücken. »Ich habe daran genauso gearbeitet wie du«, ist sein Standpunkt. Wie wollen Sie mit ihm diesen Fall verhandeln? Wollen Sie auf die Teilung der Einnahmen aus den bisherigen Verkäufen einigen? Oder streben Sie eher eine Kooperation mit diesem geschäftstüchtigen Verhandlungspartner an? Wenn Sie nur einen möglichst hohen Anteil an den Verkaufseinnahmen erhalten wollen, könnten Sie drängender vorgehen als im zweiten Fall, wo Sie zunächst die Kooperationsmöglichkeiten ausloten möchten.

Das taktische Vorgehen – also wie und zu welchem Zeitpunkt etwas gesagt und getan wird – ist oft entscheidend für den Erfolg einer Strategie. An der Geschichte meines Kollegen Rainer können Sie sehen, was passiert, wenn eine Verhandlungspartei sich durch einen taktischen Fehler die eigene Strategie zerschießt.

In Rainers Firma stand turnusgemäß die Sitzung der Führungsriege an. Auch einige untergeordnete Projektleiter nahmen teil. Einer dieser Projektleiter war Rainer. Auf der Tagesordnung standen unter anderem die Verträge zweier Mitarbeiter in Rainers Projekt, die in Kürze auslaufen würden. Diese Mitarbeiter waren aber für den Projekterfolg außerordentlich wichtig, und deshalb wollte Rainer die Vertragsverlängerungen rechtzeitig in großer Runde abstimmen. Rainer wusste, dass sein Vorgesetzter, der mehrere Abteilungen unter sich hatte, diese Mitarbeiter gern einsparen und das freiwerdende Budget in den Ausbau seines eigenen Lieblingsprojektes investieren wollte. Und ausgerechnet dieser Mann war bei dieser Sitzung der Versammlungsleiter.

Die Tagesordnung war umfangreich, die Leitung der Sitzung lasch, die Diskussionen nahmen mehr Zeit in Anspruch als geplant – so dass der Versammlungsleiter vorschlug, den Tagesordnungspunkt mit den Mitarbeiterverträgen ans Ende zu schieben, »um im Zeitplan zu bleiben«. Diesen Punkt könne er ja notfalls mit Rainer »auf dem kleinen Dienstweg« besprechen, ließ er verlauten. Das Ziel des Vorgesetzten war deutlich: Er wollte die Verträge nicht in der großen Runde diskutieren, um sie entweder einfach auslaufen zu lassen oder sie im Vier-Augen-Gespräch mit seinem Untergegebenen sehr viel einfacher zu seinen Gunsten zu verhandeln.

Wie würden Sie die Chancen für solch ein Vier-Augen-Gespräch zwischen Rainer und seinem Vorgesetzten einschätzen, nachdem Sie wissen, dass der Chef bereits eine andere Verwendung für das Personalbudget geplant hat? Wahrscheinlich als mäßig.

Die Strategie des Chefs war also: das Thema verschleppen, um es auf dem kleinen Dienstweg aus dem Weg zu räumen. Dann machte er allerdings einen taktischen Fehler: eine Kaffeepause.

Rainer nutzte die Pause dafür, Allianzen zu schaffen: Er mobilisierte zwei Führungskräfte und bat sie, sich nochmal für den Tagesordnungspunkt auszusprechen. Nach der Pause kam also von beiden Herren der Antrag, den just nach hinten geschobenen Tagesordnungspunkt mit den Verträgen »doch gleich kurz abzuhandeln«, da er ja offensichtlich für das Funktionieren von Rainers Projekt wichtig sei. Rainer hatte seine Fürsprecher obendrein klug gewählt: Beide Personen saßen an verschiedenen Ecken des Tisches. Damit war der Forderung auch eine räumlich dominante Wirkung gesichert. Das Ergebnis: Die Verträge wurden kurz besprochen, Rainer konnte in großer Runde überzeugend darlegen, warum die Mitarbeiter für das Projekt wichtig waren – und die Vertragsverlängerungen wurden mehrheitlich beschlossen.

Sie sehen: Eine schlaue Strategie nützt nichts, wenn Sie nicht darauf achten, wann Sie welchen Schritt machen. Auch Kaffeepausen gehören dazu. *Wann* Sie etwas *wie* vorbringen – das Timing – ist oft entscheidend.

Der Faktor Zeit

Professionelle Verhandler identifizieren günstige Zeitpunkte mit dem Begriff *Window Of Opportunity* (WOP) – wörtlich übersetzt etwa das Fenster zur guten Gelegenheit oder schlicht: der günstige Augenblick. Das bedeutet: Für die anstehende Aktion liegen günstige Rahmenbedingungen vor. So wie sich im Herbst 2017 nach der Rede des französischen Staatspräsidenten Emmanuel Macron an der Pariser Universität Sorbonne[28] ein solches Zeitfenster für jene Politiker öffnete, die einen verstärkten Ausbau der Europäischen Union vorantreiben wollen. Das Fenster der guten Gelegenheit bezeichnet eine kurze Zeitspanne, in der Möglichkeiten existieren, die es nicht mehr gibt, wenn sich das Fenster wieder schließt. Das umfasst manchmal nur wenige Sekunden. Wer das WOP erkennt, weiß, dass die Zeit zum Agieren reif ist: Sie sehen den zögernden Gesichtsausdruck Ihres Verhandlungspartners, packen noch ein verlockendes Zusatzangebot drauf, bedanken sich für seine Zustimmung – und ziehen den Sack zu. Natürlich könnte Ihr Verhandlungspartner den Deal hinterher widerrufen. Doch das wird er nur tun, wenn ihm das Ergebnis wirklich gegen den Strich geht. Ein Widerruf ist ein aktives Neinsagen, das beziehungsorientierten Verhandlungspartnern oft schwerfällt. Ein Widerruf ist aufwändig und schädigt eventuell die Beziehungsebene.[29]

Der Faktor Zeit ist ein wichtiger und oft unterschätzter Hebelansatz. Schärfen Sie Ihre Wahrnehmung dafür! Schon allein deshalb, um nicht selbst in diese Falle zu tappen.

Stellen Sie sich vor: Sie werden von Ihrem Chef beauftragt, einen Deal zu verhandeln. Sie sind pünktlich angereist, werden in der Firma Ihres Verhandlungspartners freundlich empfangen, und bevor die offiziellen Gespräche losgehen, fragt Sie jemand beim Small Talk: »Werden Sie heute Abend noch ein bisschen Zeit haben, sich unser schönes Städtchen anzuschauen? Ich hätte da ein paar Insidertipps für Sie ...« Sie antworten: »Unsere Geschäfte laufen in dieser Jahreszeit auf Hochtouren, so dass mir für Sightseeing diesmal leider keine Zeit mehr bleibt. Um 18 Uhr geht mein Flieger zurück.« Die anschließenden Gespräche ziehen sich; Ihre Verhandlungspartner tun sich schwer, konkret zur Sache zu kommen. Die Zeit verstreicht – Ihre Nervosität steigt. Denn schließlich haben Sie von Ihrer Firma einen Auftrag erhalten, und ohne greifbare Ergebnisse zurückzukehren, wäre höchst unbefriedigend. Kurz bevor Sie gehen müssen, rückt Ihr Verhandlungspartner endlich mit einem Einigungsangebot raus. Es umfasst zwar nicht das, was Sie sich vorgenommen hatten, aber angesichts der knappen Zeit nehmen Sie lieber den Spatz in der Hand, als weiter um die Taube auf dem Dach zu verhandeln.

In dieser Verhandlung haben Sie Ihrem Gegenüber in die Tasche gespielt. Sie haben ihm enthüllt, wann Sie zurückfliegen, und so konnte er Sie in Zeitdruck bringen.

Finden Sie also bei Ihrer Verhandlung heraus, wie relevant der Faktor Zeit für Ihr Gegenüber ist. Fragen Sie sich bei jeder Verhandlung: Wer hat die Zeit auf seiner Seite? Wer hat es eiliger, zu einem Abschluss zu kommen? Muss Ihr Gegenüber den Job dringend besetzen, weil sein Projekt bereits nächste Woche startet? Dann hätten Sie als Bewerberin einen zusätzlichen Hebelansatz in der Tasche. Wenn Sie ihm anbieten, sofort ins Projekt einzusteigen, könnten Sie gut noch weitere Forderungen vorbringen.

Wirkungsvoll auf Zeit spielen

Wie wichtig die Verhandlungsressource Zeit sein kann, wird bei Geiselnahmen besonders deutlich. In derart heiklen Situationen ist Zeit oft der einzige Hebel, den die Polizisten am Anfang haben. Denn die Vertreter der Staatsgewalt haben ja zunächst eher weniger Verhandlungsmacht als die kriminellen Geiselnehmer. Drohungen wie »Für jede Geisel, der Sie etwas antun, nehmen wir uns einen Ihrer Angehörigen vor« stehen den Vertretern der Staatsgewalt nicht zur Verfügung. Sie müssen sich an Gesetze halten.

In solchen Fällen gilt für die Polizei vor allem, Zeit zu gewinnen, um eine Arbeitsbeziehung zum Verhandlungspartner herzustellen. (Ja, auch Geiselnehmer sind Verhandlungspartner *in der Sache*. Jemanden zu verstehen, heißt ja nicht, mit ihm einverstanden zu sein.) Die Verhandlungsressource Zeit wird hier genutzt, um die Situation zu entstressen und zugleich möglichst viele Informationen über die Geiselnehmer zu sammeln. Aus diesen Informationen können Ideen gewonnen werden, wie mit dem Verhandlungspartner umzugehen ist. Es gilt also für die Polizeiverhandler, Forderungen zuzuhören, nachzufragen, in kleinen Schritten Angebote zu machen und die Gruppendynamik der Geiselnehmer kennenzulernen, um sie beeinflussen zu können.

Laut Autor G. Richard Shell ist erwiesen, dass Geiseln, die nicht bereits in den ersten 15 Minuten getötet werden, erhöhte Überlebenschancen haben.[30] Extreme Forderungen nach dem Motto »friss oder stirb« werden schal, je länger sie im Raume stehen, je öfter sie wiederholt werden. Deadlines können hinterfragt und verschoben werden. Geiselnehmer ermüden.

Auch in Ihren Businessverhandlungen sollten Sie mit dem Faktor Zeit arbeiten, wenn es sich anbietet. Sie können Zeit kaufen durch Geplänkel oder durch Blockaden. Oder auf positive Art durch kleine, zeitraubend erörterte Zugeständnisse. Zugeständnisse haben zudem den positiven Effekt, dass Sie damit Vertrauen in Ihre Verhandlungsbereitschaft aufbauen. Und genau dafür haben Sie Ihre grünen Verhandlungspunkte in der Tasche, von denen Sie leicht lassen können (Kapitel 10).

Aber Achtung: Sätze wie »Über diese Details reden wir nächste Woche noch einmal« bringen Sie in Bedrängnis, wenn Sie Ihr Rückflugticket schon in der Tasche haben und am nächsten Tag Ergebnisse vorlegen müssen.

IM VER-
HANDLUNGS-
PROZESS

13. Wie spielen Sie das Spiel: Win-Win, Win-Lose oder …?

Neulich im Café mit einer Kollegin, die seit vielen Jahren kenntnisreich das Kulturleben mitgestaltet: Sabine hatte den Auftrag erhalten, ein Konzept zu erarbeiten, wie zwei kleinere, traditionsreiche Filmfestivals unter dem Dach einer einzigen Trägerinstitution zusammengelegt werden können – inklusive der Zusammenlegung von Personal und Budgets. Die Idee dahinter war: Einsparungen erzeugen. Die Planungsrealität zeigte: Erstens kommt es anders und zweitens als man denkt …

In wenigen Tagen sollte das Konzept den Vertretern der neuen Trägerinstitution und der Politik vorgestellt werden.

»Und?«, fragte ich Sabine, »Wie wirst du denen deine Ideen präsentieren? Und was wird zukünftig deine Rolle darin sein?« Bisher war sie die Leiterin eines der beiden Festivals.

»Ich habe eine Variante ausgearbeitet, die ich selbst unter diesen Umständen für die einzig machbare und für die beste halte«, sagte Sabine. »Allerdings fürchte ich, dass sie ihnen nicht gefallen wird. Denn die erhofften Einsparungen sind auch damit nicht zu realisieren. Das kann ich leider nicht ändern. Wenn sie dem Konzept nicht zustimmen, werde ich den Job sowieso nicht weitermachen.«

Sabine hatte in mühevoller Kleinarbeit genau eine Konzeptversion vorbereitet, die sie den Entscheidern vorlegen wollte. »Take it or leave it« hätte sie damit signalisiert. Und dabei noch die besten Absichten gehabt. Denn schließlich hatte sie sich darauf konzentriert, sorgfältig den besten realisierbaren Plan auszuarbeiten.

Take it or leave it ist grundsätzlich kein attraktives Angebot für menschliche Wesen, zu deren sozialen Grundbedürfnissen auch die Autonomie gehört: der Wunsch, wählen zu können. Denn wie schon in Kapitel 5 beschrieben: Wenn wir eine Wahl haben, dann haben wir das Gefühl, eine Situation mitgestalten zu können. Und durch Mitgestaltung gewinnen wir eine Kontrolle über die Situation. Die Kontrolle über etwas zu haben, bedient wiederum unser Bedürfnis nach Sicherheit – eines der fünf sozialen Grundbedürfnisse, auf das unser Gehirn stark reagiert (mehr zum Thema der sozialen Grundbedürfnisse in Kapitel 5).

Als ich bei Sabine nachfragte, stellte sich heraus, dass einige der von den Auftraggebern gewünschten Einsparungen durchaus möglich wären – allerdings mit dem Risiko verbunden, gegen geltende Beschäftigungsgesetze zu verstoßen. Deshalb hatte sie Konzepte mit diesem Ansatz vorausschauend nicht erwogen. Doch auch unrealistische Konzepte sind Möglichkeiten, die man zur Wahl stellen kann. Warum nicht dem Verhandlungspartner die Wahl lassen, risikoreiche Möglichkeiten selbst zu verwerfen – und ihm damit ein Stück Handlungsautonomie geben?

Die Art, wie Sie an Verhandlungen herangehen, wie Sie Forderungen und Angebote präsentieren, hat viel damit zu tun, welcher Kommunikationsstil Ihnen persönlich liegt. Bei meiner Kollegin Sabine war es ein kompromissloser Stil, geboren aus dem unterschwellig-überlegenen Gefühl heraus: »Ich weiß, wie es in dieser Branche zugeht; ich kenne sie seit Jahren.«

Ein derart kompromissloses Vorgehen konnten Sie – drastisch zugespitzt – bereits bei Lobbyist Marty in Kapitel 3 beobachten: »Ich bin nur wegen einer einzigen Sache hier, und Sie haben die Wahl: Entweder Sie versichern mir hier und jetzt, dass der Passus aus dem Vertrag gestrichen wird, oder ich verschwinde durch diese Tür und komme mit schwerem Geschütz zurück.« Wer so vorgeht, weiß, was er will, und schert sich wenig um die Wünsche seines Gegenübers. Derart wettbewerbsorientierte Verhandler und Verhandlerinnen sehen Verhandlungen als *Win-Lose* – Gewinn oder Verlust. Wobei *sie* natürlich gewinnen wollen. Wer mit einem drängenden Kommunikationsstil in eine Verhandlung geht, der braucht sich eigentlich nicht zu wundern, wenn er bei zurückhaltenderen, kooperativ eingestellten Menschen Irritationen auslöst. Und doch: Viele Verhandlerinnen verstehen die Welt nicht, wenn sie auf jemanden treffen, der sich ganz anders verhält als sie selbst.

Verhandeln zwischen Kooperation und Wettbewerb

Wir tendieren dazu zu glauben, andere Menschen seien wie wir. Das bedeutet: Wie wir selbst in Verhandlungen gehen, beeinflusst die Art, wie wir andere wahrnehmen. So vermutet ein kooperativ eingestellter Mensch oft, dass sein Gegenüber ebenfalls kooperativ ist. Wenn das zutrifft und beide Verhandlungspartner den gleichen Kommunikationsstil pflegen, dann ist ein übereinstimmendes Verhältnis von Anbeginn der Verhandlung gut möglich.

Doch wenn so ein kooperativer Mensch auf einen wettbewerbsorientierten Verhandlungspartner à la Marty trifft, können tiefe Missverständnisse entstehen. Deshalb lohnt es sich, in diesem Kapitel verschiedene Verhandlungsstile anzuschauen.

Trifft ein kooperativer Mensch auf einen wettbewerbsorientierten, könnte der Verhandlungsprozess so ablaufen: Der Kooperationswillige teilt offen Informationen und macht faire Angebote in der Annahme, sein Gegenüber würde das in gleicher Weise zurückgeben. Der Kooperationswillige strebt nach Zusammenarbeit und versucht daher ein Win-Win-Ergebnis zu erzeugen, also ein Verhandlungsergebnis, mit dem beide Seiten zufrieden sind.

Der wettbewerbsorientierte Mensch würde das Verhalten des Kooperationswilligen aber aus seiner Sicht deuten: Er findet den anderen in seiner Offenheit einfach naiv – oder er sieht es als bloßes taktisches Vorgehen. Vielleicht nutzt er gar die Offenheit des Kooperativen aus, um sich selbst in eine günstigere Position zu bringen. Denn das wettbewerbsorientierte Vorgehen zielt ja darauf, vor allem die eigenen Interessen durchzusetzen – zur Not auch auf Kosten des anderen. Wenn der kooperative Mensch bemerkt, wie viele Zugeständnisse er machen soll, ohne dass seine Interessen berücksichtigt werden, fühlt er sich vom anderen rücksichtslos behandelt und reagiert wütend oder verletzt. Dieses Verhalten bestätigt dann wiederum den Eindruck des Wettbewerbsorientierten, dass das kooperative Verhalten seines Gegenübers bloße Taktik war. In einer solchen Spirale von Fehldeutungen kann eine Verhandlung desaströs enden …

Fünf verschiedene Verhandlungsstile

Licht ins Dunkel des komplexen menschlichen Kommunikations-dickichts brachten in den 1970er-Jahren Ralph H. Kilmann und Kenneth W. Thomas mit ihrem als TKI populär gewordenen Konfliktmodell.[31] Das *Thomas-Kilmann Conflict Mode Instrument* macht Verhandlungsstile anschaulich.

Laut dem TKI entspannt sich das menschliche Konfliktverhalten zwischen zwei Polen: dem Wunsch nach Selbstbehauptung einerseits und dem Wunsch nach Kooperation andererseits. Einerseits möchten wir uns und unsere Interessen im Wettbewerb mit anderen durchsetzen. Andererseits leben wir aber auch in Beziehungen mit anderen und müssen deren Interessen achten.

Kilmann und Thomas definierten fünf Konfliktstile, die Sie in Verhandlungen immer wieder beobachten können:

- das wettbewerbsorientierte,
- das nachgebende,
- das vermeidende,
- das kompromissbereite und
- das kooperative Vorgehen.

Schauen Sie in den nachfolgenden Beschreibungen der einzelnen Stile doch mal, wo Sie sich oder Ihre Arbeitskollegen wiedererkennen.

Wettbewerbsorientierte Verhandler gehen drängend bis aggressiv vor. Sie stellen ihre Forderungen machtvoll in den Raum und sind oft sehr versiert darin, Verhandlungspartner unter Druck zu setzen: mit ultimativen Angeboten, mit Deadlines oder anderen stresserzeugenden Verhandlungstaktiken. Vom Eigeninteresse gesteuert, fragen sie kaum danach, was das Gegenüber will.

Nicht immer sind Menschen, die so vorgehen, nach meiner Erfahrung *wirklich* selbstbewusst. Manchmal ist es einfach die Befürchtung, zu kurz zu kommen, gepaart mit der Unwissenheit, wie beziehungsschonender vorgegangen werden kann, die zu drängendem Verhalten führt.

Generell genießen Wettbewerbsorientierte das Verhandlungsspiel, sie spielen um Gewinn oder Verlust. Die Gefahr einer Nichteinigung ist dabei natürlich hoch, wenn sich zwei Vertreter dieses Kommunikationsstils in einer Verhandlung begegnen. Denn dann steht schnell mal Forderung gegen Forderung.

Im Gegensatz dazu stehen die Nachgebenden, denen es nicht schwerfällt, entgegenkommend zu sein. Sie haben kein Problem damit, eigene Bedürfnisse zurückzustellen. In Verhandlungen zeichnen sie sich dadurch aus, dass sie auf ihr Gegenüber eingehen – und wenig eigene Forderungen stellen. Verhandlerinnen mit diesem Kommunikationsstil haben einen ausgeprägten Sinn dafür, die Beziehung zum Gesprächspartner zu bewahren. In Fällen, wo Beziehungen wichtiger sind als die zu verhandelnde Sache – was häufig in Verhandlungen mit Familienmitgliedern oder mit Stammkunden vorkommt –, ist dieses Konfliktverhalten Gold wert.

Ein vermeidender Verhandlungsstil hilft überall dort, wo es darum geht, heikle Themen zu umschiffen und Konfrontationen aufzulösen – damit man heikle Themen überhaupt erstmal verhandlungsfähig macht.

Ein bemerkenswertes historisches Beispiel dafür ist das Vorgehen von Egon Bahr und Willi Brandt bei den Verhandlungen des Grundlagenvertrages 1972 mit der DDR. Die völkerrechtliche Anerkennung der DDR durch die BRD wurde darin zwar vermieden, aber durch geschickte diplomatische Schöpfungen wie die Einrichtung von »Ständigen Vertretungen« (anstelle von Botschaften) konnte schließlich ein »Wandel durch Annäherung« eingeleitet werden.

Diplomaten und Profiverhandler tun gut daran, eine konfliktvermeidende Sprache einzusetzen, mit denen Rollen und Grundsätze geklärt werden können, um Konfliktparteien miteinander ins Gespräch zu bringen.

Der vermeidende Stil ist aber auch kennzeichnend für Menschen, die schlicht ungern verhandeln. Und für jene, die erkennen, dass sie wenig Verhandlungsmacht besitzen – oder wenig Vertrauen in ihr Gegenüber haben. Wenn Vermeider überhaupt am Verhandlungstisch erscheinen – oft bevorzugen sie Distanzmedien wie Briefe, E-Mails oder Mediatoren –, erscheinen sie oft passiv: Menschen mit vermeidendem Verhandlungsstil bringen weder eigene Forderungen vor, noch gehen sie kooperativ auf andere ein. Der vermeidende Verhandlungsstil kann eine wirkungsvolle Art sein, energiesparend zu verhandeln oder zu blockieren.

Die Kompromissbereiten sind *grundsätzlich* bereit, auf Forderungen einzuschwenken. Denn Vertreter dieses Kommunikationsstils gehen mit der Haltung ins Verhandlungsgespräch, dass sie eh nicht alles erreichen können, was sie sich vorgenommen haben, weil ja auch der Verhandlungspartner seinen Teil des Kuchens abbekommen sollte. Diese Verhandler halten Ausschau nach Lösungen, die helfen, eine Verhandlung schnell und fair abzuschließen – was nicht immer ein Vorteil ist, wenn viel auf dem Spiel steht und mehr zu holen wäre. Viele sind kompromissbereit, weil es einfacher ist und weil sie dabei leicht das Gesicht wahren können. Kurz: Sie sind kompromissbereit, um in Sicherheit zu sein. Diese Verhandler werden eher von Angst getrieben oder von dem Wunsch, schmerzliche und anstrengende Verhandlungen zu vermeiden. Die hartnäckigsten unter den Verhandlern sind die auf Kooperation Gepolten. Denn sie sind von vornherein auf der Suche nach der größtmöglichen ZOPA – der Zone der möglichen Einigung (siehe Kapitel 9). Auch diese Verhandler haben keine Scheu vor dem Verhandlungskonflikt. Doch im Gegensatz zu den Wettbewerbsorientierten suchen die Kooperativen nicht vor allem ihren eigenen Vorteil, sondern nach bestmöglichen Lösungen für *beide* Seiten. Beide Parteien sollen zufrieden sein mit dem Deal – Win-Win ist ihr Ziel. Anders als die Kompromissbereiten wollen sich die Kooperativen nicht auf halbem Wege treffen: Sie wollen in Zusammenarbeit mit dem Gegenüber das Optimum für alle Beteiligten rausholen. Dieser dynamische Verhandlungsstil erfordert einiges an Energie und Zeit. Denn diese Verhandler machen gern mal aus kleinen Fällen komplexe – einfach weil das Verhandeln ihnen Spaß macht!

Was unser Verhandlungsverhalten beeinflusst

Sagte ich es schon? Verhandeln ist ein Spiel. Diese Perspektive hilft Ihnen, den Verhandlungsprozess distanziert zu betrachten, sich nicht zu verbeißen und das Gehirn denkfähig zu halten. Denn beim Spielen agiert Ihr Denken flexibel – und genauso wollen Sie verhandeln! Verhandeln ist das Spiel von Geben und Nehmen: Du möchtest etwas von mir – was gibst du mir dafür? Geben Sie also nichts, ohne etwas zurückzufordern. Das wäre gegen die Spielregel. Also lernen Sie in jedem Fall, freundlich zu fordern!

Zurück zu den Kommunikationsstilen. Die Ausprägung der verschiedenen Stile hat mit vielen Einflüssen zu tun:

- mit unserem Charakter,
- damit, welches Konfliktgebaren wir bei unseren Eltern gelernt haben,
- was wir selbst im Laufe unserer Karriere erfahren haben,
- und natürlich, wie in unserem Kulturkreis grundsätzlich mit Konflikten umgegangen wird.

Doch Ihren Kommunikationsstil können Sie auch bewusst ändern. Es ist durchaus ratsam, auf verschiedene Situationen angepasst reagieren zu können. Welchen Verhandlungsstil Sie anwenden, sollte vor allem von der Situation und Ihrem Gegenüber abhängen. Es kann sich lohnen, im Verhandlungsverlauf zu wechseln: Wenn Sie drängend angefangen haben und merken, dass Sie es mit einem Vermeider zu tun haben, tun Sie gut daran, Ihr Gegenüber zunächst aufzulockern.

Wenn Sie selbst eher zurückhaltend-vermeidend agieren, Sie aber merken, dass Sie es mit einer kooperativen Verhandlerin zu tun haben, könnte es sich lohnen, ihr mit Forderungen und Angeboten entgegenzukommen.

Es gibt keinen Verhandlungsstil, der für alle Situationen gleich gut funktioniert. Es lohnt sich also, Verschiedenes auszuprobieren, damit Sie anpassungsfähig sind. Spielen Sie!

Erfolgreiches Verhandlungsverhalten

Es gibt Studien, welches Kommunikationsverhalten bei Verhandlungen prinzipiell erfolgreicher ist. Die erste ihrer Art stammte von Professor Gerald R. Williams.[32] Er forschte 1976 in einer Reihe von Anwaltskanzleien im US-amerikanischen Bundesstaat Arizona. Seine Forschungen zeigten, dass 65 Prozent von als »effektiv« eingestuften Verhandlern und Verhandlerinnen einen kooperativen Kommunikationsstil pflegten; nur 24 Prozent legten dagegen wettbewerbsorientiertes Verhalten an den Tag.

Das zeigt uns: Unter den erfolgreichen Verhandlern und Verhandlerinnen ist das kooperative Verhalten häufiger vertreten als das wettbewerbsorientierte. Dazu gehört, dass kooperativ-eingestellte Verhandler auch sprachlich-rhetorisch anders drauf sind als ihre kompetitiven Kollegen: Sie fragen mehr, fassen Besprochenes zusammen und drängeln weniger.

Damit Sie erkennen, woran Sie bei Ihrem Verhandlungspartner sind, rate ich Ihnen: Nehmen Sie sich am Anfang der Verhandlung Zeit, und schauen Sie genau hin, welchen Kommunikationsstil Ihr Gegenüber an den Tag legt. Wie Sie das machen, verrate ich im nächsten Kapitel.

14. Wie Ihnen der Einstieg gelingt und Sie sicher durch die Verhandlungsphasen manövrieren

»Haben Sie gut hergefunden?«, fragt die Personalleiterin den Bewerber, als er zur Tür hereinkommt.

»Das war kein Problem«, erwidert dieser, »nur leider fuhren die Busse am Bahnhof nicht nach Plan. Haben Sie hier heute Streik?«

»Ach herrje«, sagt die Personalleiterin, »das ist wahrscheinlich wegen des Stadtfestes, das heute Nachmittag auf dem Marktplatz beginnt. Vermutlich werden die Busse deshalb umgeleitet. Wie sind Sie denn dann hergekommen?«

»Da der Zug pünktlich war und die Sonne scheint, dachte ich mir, wenn ich zu Fuß gehe, lerne ich die Gegend gleich ein wenig kennen. Ihr Firmensitz liegt ja wirklich in einer netten Ecke ...«

Dieser Dialog hat nichts mit dem Thema zu tun, weshalb der Bewerber in die Firma gekommen ist. Er steht aber am Anfang des Verhandlungsgesprächs. Ohne Small Talk gibt es keine Gesprächsbasis. In diesem Kapitel erkläre ich Ihnen, wieso – und wie Sie die nachfolgenden Verhandlungsphasen meistern.

Im Small Talk suchen die meisten Menschen unbewusst nach Gemeinsamkeiten: »People who are like each other like each other« oder zu Deutsch: »Gleich und gleich gesellt sich gern.« Was uns mit unserem Gegenüber verbindet, macht ihn sympathisch. Sympathie schafft – neben anderen Eigenschaften wie Zuverlässigkeit und Berechenbarkeit – Vertrauen. Ohne Vertrauen wird das Spiel von Geben und Nehmen einseitig auf Nehmen hinauslaufen. Denn wem ich nicht vertraue, dem öffne ich mich nicht und mit dem teile ich ungern.

Der Weg zum Ziel – der Verhandlungsprozess – läuft zumeist in drei Phasen ab. Dieses allgemeine Modell der Verhandlungstheorie vor

Augen zu haben, hilft einzuschätzen, wo man sich im Verhandlungsprozess gerade befindet und wann was zur Sprache gebracht werden kann. Denn gleich mit der Tür ins Haus zu fallen, empfiehlt sich nicht! Stellen Sie sich eine vertikale und eine horizontale Achse vor: Die Vertikale beschreibt den Stresspegel, den Verhandlungspartner während des Verhandlungsverlaufs haben, die horizontale Achse beschreibt die Zeit, in der sich eine Verhandlung abspielt.

Die erste Phase

Jedes Verhandlungsgespräch beginnt mit dem Small Talk, oder anders ausgedrückt: mit einer leichten Konversation, wie die Briten es nennen. Darauf folgt die eigentliche Sachverhandlung – High Talk, wie Peter Modler es nennt (dazu mehr in Kapitel 26) – und danach die Phase des Verhandlungsabschlusses.

»Ich finde Small Talk unprofessionell«, ließ mich neulich ein junger Mann wissen, der in meinem Networkingseminar saß. »Ich bin ein Typ, der lieber gleich zur Sache kommt.« Menschen mit dieser Haltung unterschätzen die grundlegende Funktion, den die Small-Talk-Phase für unser Gehirn hat – gerade wenn wir unseren Verhandlungspartner noch nicht gut kennen, aber auch, wenn wir herausfinden wollen, wie unser Gegenüber heute drauf ist: Der informelle Informationsaustausch, den wir in der leichten Konversation betreiben, hilft unserem Gehirn, Stress abzubauen. Und Stress haben wir, solange wir noch dabei sind, jemanden einzuschätzen und zu entscheiden, wie viel Vertrauen wir zu ihm aufbauen können.

Zur Erinnerung: Wenn wir rational mit jemandem verhandeln wollen, muss unser Frontalcortex, das Denkhirn, aufnahmebereit sein. Die Gehirnchemie muss gut eingepegelt sein. Der Ausstoß von Dopamin – der Chemie des Interesses – muss hoch genug sein, damit wir aufmerksam hinhören können. Nur dann, wenn die Chemie in unserem Oberstübchen denkbereit eingestimmt ist, können wir vernünftig und rational miteinander verhandeln. Sprachgeschichtlich kommt das Wort Vernunft übrigens von »vernehmen, erfassen, ergreifen«. Und genau das ist die Aufgabe der leichten Konversation.

So wie Hunde eine Menge übereinander erfahren, indem sie sich umkreisen und beschnuppern, so umkreisen auch wir Menschen uns in der leichten Konversation. Im lockeren Gespräch, beim Austausch von scheinbar nebensächlichen und persönlicheren Informationen erfassen wir den anderen mit verschiedenen Parametern. Mit der leichten Konversation geben wir unserem Gehirn die Zeit, die es für die stressige Sondierungsphase braucht.

Je nachdem, wie Ihr Verhandlungspartner drauf ist – kooperativ oder drängend –, wird er in dieser Phase durch sein Verhalten entweder dafür sorgen, dass Sie sich wohlfühlen (das tut der Kooperative), oder er versucht, Sie durch Provokationen zu verunsichern und die Oberhand zu gewinnen (Verhalten des Wettbewerbsorientierten).

Die zweite Phase

Erst wenn die Sondierungsphase abgeschlossen ist, ist das Gehirn bereit für das sprachlich-analytische Denken. Erst dann können wir zur zweiten Phase übergehen: der Sachverhandlung. Jetzt können wir unsere Konzentration auf komplizierte Inhalte lenken und Zusammenhänge analytisch durchdenken. In dieser Phase besprechen wir die inhaltlichen Verhandlungspunkte, tauschen Forderungen aus und verhandeln Angebote.

Testen Sie Ihren Verhandlungspartner zu Beginn ruhig darauf, welchen Verhandlungsstil er pflegt. Dann können Sie sich besser auf ihn einstellen. Das können Sie tun, indem Sie zunächst weniger wichtige Themen verhandeln, bevor Sie die Hauptpunkte ansprechen. Wie reagiert Ihr Gegenüber? Ist er darauf bedacht, Ihre Angebote zu erwidern – im Sinne eines wechselseitigen Gebens und Nehmens? Das wäre ein Zeichen von Kooperationsbereitschaft. Wettbewerbsorientierte hingegen halten oft eigene Informationen zurück und versuchen, die Führung zu übernehmen. Grundsätzlich gilt: Wer sich mächtig fühlt, stellt hohe Forderungen und provoziert auch gern mal. Wer sich ohnmächtig fühlt, stellt keine Forderungen.

Als kooperative Verhandlerin beginnen Sie auch in dieser Phase mit Gemeinsamkeiten – nicht mit Problemen oder mit Themen, über die

Sie verschiedene Ansichten haben. Betonen Sie, worin Sie übereinstimmen und was Sie in früheren Projekten, Geschäften, Gesprächen miteinander schon erreicht haben. Oder welche gemeinsamen Wertvorstellungen sie teilen: »Wir haben ja schon festgestellt, dass für uns beide die kontinuierliche Qualitätssicherung oberste Priorität hat. Schließlich wollen wir ja beide, dass der Kunde zurückkommt, nicht das Produkt, nicht wahr?«[33]

Manchmal reicht schon die Feststellung, dass Sie doch dasselbe Ziel vor Augen haben – und nur die Ansichten noch darüber auseinandergehen, auf welchem Wege Sie es erreichen.

Wie finden Sie Gemeinsamkeiten mit Verhandlungspartnern, die Sie (noch) nicht kennen? Schauen Sie doch im Rahmen Ihrer Vorbereitung mal in das Firmenleitbild, das Sie meist auf der Homepage finden. Oder in Jahresberichte. Darin sind die Ziele und Wertvorstellungen beschrieben, denen sich die in der Firma Beschäftigten verpflichtet fühlen (müssen). Solche im Leitbild und Jahresberichten erwähnten Standards, Prinzipien und Werte können Ihnen wunderbar als Startpunkt dienen, um herauszufinden, worin Sie übereinstimmen. Auch Aussagen Ihres Verhandlungspartners in Interviews oder Social-Media-Beiträgen eignen sich dazu.

Denken Sie daran: Der Weg zur Einigung ist gepflastert mit Gemeinsamkeiten, die Sie mit Ihrem Verhandlungspartner verbinden. Wenn Sie – auch während der Verhandlung immer wieder – das gemeinsame Ziel betonen, das Sie erreichen wollen, dann können Sie offen miteinander darüber reden, wie sich die Vorstellungen vom Weg dahin unterscheiden.

Die dritte Phase

Die dritte Phase ist der Verhandlungsabschluss, also der Zeitpunkt, wenn der Deal festgeklopft wird. Wundern Sie sich nicht, wenn es dann noch einmal hoch hergeht in Ihrem Gehirn – oder in dem Ihres Gegenübers. Denn in der Abschlussphase kommen häufig unausgesprochene Befürchtungen hoch, mögliche Folgen des Deals etwa, die bisher nicht gesehen wurden. Oder Zweifel, ob dieser Deal wirklich so günstig ist, wie er aussieht. Oder, oder, oder. Sie merken das daran, dass Ihr Verhandlungspartner (oder Sie selbst) plötzlich emotional werden oder irrationale Aussagen machen. Das Verkehrteste, was Sie dann tun könnten, wäre Druck auszuüben, nach dem Motto:»Hören Sie mal, wir haben das gerade lang und breit besprochen. Wollen Sie jetzt einen Rückzieher machen?« Unterlassen Sie das lieber. In Stressphasen hilft nur der Rückschritt in die erste Phase: Machen Sie eine Pause, betreiben Sie freundlich Small Talk, bis sich das aufgeregte Gehirn wieder beruhigt hat, denkfähig ist und aufgekommene Zweifel besprochen werden können. Dann können Sie erneut versuchen, den Deal festzuklopfen.

Wettbewerbsorientierte gehen in solchen Fällen natürlich anders vor: Sie drängen auf Abschluss, wenn sie das Gefühl haben, dass ihnen eine Verhandlungsunterbrechung nicht von Nutzen ist.

Hirn- und beziehungsverträglicher ist allerdings die leichte Konversation, mit der auch Meisterregisseur Alfred Hitchcock stressige Verhandlungssituationen entschärfte: Er erzählte aus heiterem Himmel einfach einen Witz und entspannte die Verhandlungsparteien im gemeinsamen Lachen. Und nichts vereint uns Menschen mehr als eine gemeinsame Humorerfahrung! Dazu mehr in Kapitel 27.

15. Wie Sie Anker auswerfen, oder: Wer sagt die erste Zahl?

»So viel zu den Aufgaben und Anforderungen unseres Projektes. Zu welchem Preis könnten Sie das für uns umsetzen, Frau Schmidt?«, fragt der Kunde die Agenturchefin.

Soll Tanja jetzt sagen, dass sie 14 900 Euro haben möchte? Oder klingen 14 989 Euro realistischer, weil genau berechnet? Oder wäre es besser, erst einmal zu erforschen, was der Verhandlungspartner leisten kann, und sollte Tanja deshalb lieber mit einer Gegenfrage antworten: »Sie haben das sicherlich schon budgetär eingeplant, Herr Schmidt. In welcher Höhe liegt das denn?«

Die meisten Verhandlungen sind mit einem hohen Maß an Unsicherheit verbunden, was das Lesen des Gegenübers angeht. Sie werden meist nur begrenzte Kenntnisse darüber haben, wo die Grenze Ihres Verhandlungspartners liegt, wie viel er bereit ist zu zahlen. Sollen also Sie die erste Zahl in den Raum stellen – oder es dem anderen überlassen?

Stellen Sie sich vor, Tanja geht in Vorlage und nennt Herrn Schmidt ihren Maximumpreis: 14 900 Euro. Und stellen Sie sich weiter vor, Herr Schmidt würde zustimmend nicken. Tanja bekäme dann, was sie wollte. Aber wäre sie damit auch zufrieden? »Mist, da wäre mehr drin gewesen«, könnte ihre spontane Reaktion sein, »wenn Herr Schmidt so leicht zustimmt, dann liege ich mit meinem Preis zu niedrig.«

Wenn Tanja hingegen Herrn Schmidt das erste Angebot machen lässt und hört, dass dieser »mit Kosten um 7 000 Euro rechnet«, ist sie auch nicht erfreut. Denn diese Summe liegt sehr weit weg von Tanjas Vorstellung, die sich zwischen 14 500 als Minimum und 14 900 als Maximum bewegt.

Was wäre, wenn Tanja doch als Erste ihren Preis auf den Tisch packt, und zwar mit 14 989 Euro, weil sie gelernt hat, dass solche präzise formulierten Preise plausibler wirken als gerundete Beträge? Nach neuesten Forschungen beeindruckt diese Taktik nur Leute, die von der Sache wenig Ahnung haben. Fachleute hingegen halten diesen Verhandlungspartner eher für unerfahren. Schließlich ist es wenig realistisch, komplexe Dinge wie Immobilien, Autos und viele Dienstleistungspakete auf Heller und Pfennig einzuschätzen.[34]

Der Macht der ersten Zahl wurden zahlreiche Studien gewidmet. Das Ergebnis lautet kurz gesagt: Der erste Vorschlag beeinflusst den Verhandlungsverlauf und das Ergebnis entscheidend. Darum schauen wir uns das psychologische Phänomen in diesem Kapitel mal näher an.

Wer ein erstes Angebot unterbreitet, hat zumeist einen Verhandlungsvorteil, weil er einen »Anker« setzt. Der Anker ist ein schönes Bild für dieses psychologische Phänomen, denn diese erste Zahl dient als Maßstab, an dem sich beide Parteien abarbeiten. Der Ankerungseffekt wird dann besonders wirksam, wenn es in Verhandlungen um nummerische Werte geht – also um Zahlen, Preise, Gehälter und andere Geldwerte wie bei Auto-, Immobiliengeschäften und anderen Deals im wirtschaftlichen Bereich. Je höher das Erstgebot ist, desto höher wird die am Ende verhandelte Summe sein.[35]

Nennt Tanja also ihre 14 900 Euro zuerst, steht die Zahl im Raum. Natürlich kann Herr Schmidt dann sofort seine 7 000 Euro dagegenhalten. Das ändert aber nichts daran, dass die Zahl 14 900 als oberste Messlatte gesetzt ist und im weiteren Verhandlungsverlauf darauf Bezug genommen werden muss.

Es gibt noch einen weiteren Grund, warum Anker erstaunlich gut wirken: Wenn Sie einen hohen Ankerpreis hören, assoziieren Sie damit automatisch eine Qualität, die zu dem Preis passt. Wenn Sie einen Gebrauchtwagen kaufen wollen und hören den Preis von 16 000 Euro, denken Sie automatisch an einen Wagen mit eher hochwertiger Ausstattung und vielen PS. Vorkenntnisse und Informationen über den Verhandlungsgegenstand, die Sie mit sich herumtragen und die zum Ankerpreis passen, treten in den Vordergrund. Das macht es Ihnen schwer, sich gegen die psychologische Wirkung der Zahl zu wehren. Sie rechtfertigen die Zahl sozusagen innerlich mit der dazu passenden Ausstattung.

Hier ein paar anschauliche Beispiele aus Studien:

Besucher des Exploratoriums in San Francisco wurden gefragt, wie viel Geld sie zur Rettung von Seevögeln bei einer Ölpest spenden würden. Eine Gruppe von Befragen erhielt die Ankerzahl 5 – verpackt in die Frage »Wären Sie bereit, 5 Dollar zu geben?«. Diese Gruppe wollte durchschnittlich 20 Dollar geben. Eine andere Gruppe erhielt den Anker 400; diese Gruppe wollte durchschnittlich 143 Dollar geben.[36]

Ein anderes Experiment untersuchte, welchen Einfluss Listenpreise bei der Einschätzung von Immobilienpreisen auf Experten und Amateure haben. Ziel dieser Studie war es herauszufinden, wie unterschiedlich solche Preisanker auf Fachleute und Laien wirken. Obwohl beide Versuchsgruppen eine zehnseitige Informationsbroschüre zur Verfügung hatten, die die nötigen Sachinformationen über Immobilienbewertung enthielt, ließen sich Amateure wie Experten in ihren Entscheidungen gleichermaßen von den angegebenen Listenpreisen beeinflussen.[37]

Dieses Beispiel führt Ihnen auch wunderbar vor Augen, wie ein normativer Standard (Kapitel 8) – in diesem Fall: die Preisliste – als Anker funktioniert.

Auch bei Gerichtsurteilen spielen eingeforderte Schadensersatzsummen eine ankernde Rolle, indem sich die Höhe der Erstforderung auf die später festgelegte Summe auswirkt.

Unabhängig davon, wie der Anker festgelegt wurde und wie nachvollziehbar er ist, beeinflusst der Anker den Empfänger so sehr, dass seine Einschätzung der Sache in Richtung des Ankerwertes verzerrt wird. Das Erstgebot funktioniert also nachweisbar als Richtwert für das Verhandlungsergebnis. Dieses gilt übrigens besonders, wenn Sie in der Verkäuferposition sind. In dieser Rolle sollten Sie möglichst immer das erste Angebot unterbreiten, denn es treibt den vereinbarten Endpreis in die Höhe.

Realistische Anker auswerfen

Ich empfehle, mit gut recherchierten und an Standards orientierten Preis-, Gehalts- oder Wertvorstellungen in eine Verhandlung zu gehen. Wenn Sie eine klare Vorstellung davon entwickelt haben, was Sie maximal und was Sie mindestens erreichen möchten, dann können Sie Ihre Maximalforderung auch mit einem unverbindlicheren Satz ankern: »Mein Tageshonorar ist üblicherweise XX Euro für Fullservice und X Euro für eine angepasste Leistung. Was war denn Ihre Vorstellung?« Wenn Sie hingegen in der Situation sind, dass Ihr Gegenüber sein Erstgebot schon genannt hat, dann sollten Sie eine Strategie parat haben, mit der Sie sich gegen den prägenden Eindruck dieses Ankers schützen. Und das geht so: Überlegen Sie gezielt, welche Informationen und Faktoren *gegen* das Erstgebot sprechen. Bei dem Preis des Gebrauchtwagens für 16 000 Euro wäre das beispielsweise ein niedrigerer Listenpreis, die hohe Angebotsdichte des Modells, der Kilometerstand, das Baujahr, die schlichte Ausstattung und so weiter. Oder Sie stellen das Erstgebot einfach in Frage: »Ein befreundeter Automechaniker hat mir da andere Richtwerte gegeben. Wie kommen zu Ihrer Einschätzung?«

Erwiesen ist: Wenn Sie sich auf Informationen konzentrieren, die mit dem Angebot Ihres Verhandlungspartners unvereinbar sind, mindert das den Ankereffekt. Auch die Konzentration auf das eigene Ziel oder die – ungünstigen? – Alternativen Ihres Verhandlungspartners mindern die Wirkung (siehe auch BATNA, Kapital 11). Je genauer Sie die wirklichen Interessen Ihres Gegenübers kennen, desto besser stehen Sie auch in dieser Situation da: Will Ihr Verhandlungspartner wirklich den hohen Preis für den Wagen? Oder ist sein eigentliches Ziel, möglichst schnell zu verkaufen? Will er die Dienstleistung vor allem günstig einkaufen? Oder ist ihm die zuverlässige Umsetzung wichtiger? Die entscheidenden Interessen und die Alternativen des Verhandlungspartners sind es, worauf Sie sich zur Entkräftung des Ankers konzentrieren sollten.

Machen Sie es wie Henry Ford, der sagte: »Wenn es überhaupt ein Geheimnis des Erfolges gibt, so besteht es in der Fähigkeit, sich auf den Standpunkt des anderen zu stellen.« Stellen Sie sich also auf den Standpunkt Ihres Verhandlungspartners, und fragen Sie sich, warum Ihr Gegenüber einen derartigen Preis für sein Auto oder Haus haben will und welche Auswirkungen es für ihn hat, wenn er den Deal mit Ihnen nicht macht. Die hilfreiche Frage von G. Richard Shell dazu lautet: »Welche Seite hat mehr zu verlieren, wenn wir uns nicht einigen?«[38] Diese Frage können Sie sich während des Verhandlungsverlaufs ruhig mehrfach stellen. Denn mit jedem Verhandlungshebel, den Sie entdecken, verändern Sie die Situation. Verhandlungen sind ja dynamische Prozesse.

Fazit: Ein ehrgeizig geworfener Anker wirkt sich also auf das Verhandlungsergebnis vorteilhaft aus – besonders für Verkäufer und Anbieter einer Leistung.

Behalten Sie dabei aber bitte im Auge, welche Nachteile es haben kann, einen extrem hohen Anker auszuwerfen. Gerade wenn Sie einem ungeübten Verhandler gegenüberstehen, ist das Risiko groß, dass er eingeschüchtert oder gar verärgert auf Ihr Erstgebot reagiert und die Verhandlung vorzeitig beendet, noch bevor Sie in das Spiel von Geben und Nehmen eingestiegen sind. Dieses Risiko ist umso höher, je abgehobener Ihre Forderung wirkt. Bleiben Sie also in Ihrem eigenen Interesse realistisch.

Hüten Sie sich auch vor negativen Gefühlen, wenn Sie gleich zu Anfang mühelos Ihren Maximalpreis erreichen. Dieses Ergebnis haben Sie *vor* der Verhandlung für sich als erstrebenswert befunden. Warum sollten Sie also *jetzt* damit nicht mehr zufrieden sein? Sie können in solch einer Situation natürlich immer versuchen, noch die ein oder andere vorbereitete Forderung nachzuschieben, zum Beispiel:»Das ist schön, dass wir uns auf den Preis für den Wagen einigen können. Ich gehe davon aus, die Winterreifen sind Teil des Zubehörs?«

Doch fragen Sie sich in solchen Situationen ruhig kritisch: Wie viel Gier ist dabei im Spiel, und will ich mich ihr ergeben?

)

16. Wie Sie die Agenda setzen

Wie Sie Ihre Erwartungen und die Ihrer Verhandlungspartner managen, haben wir in Kapitel 11 besprochen. Solch ein Erwartungsmanagement steckt Ihren Rahmen ab. Was Sie auf jeden Fall zusätzlich parat haben sollten, ist eine Agenda: eine Liste der Verhandlungsthemen mit die Reihenfolge, in der sie behandelt werden. Wer die Agenda aufstellt, kann den Verlauf der Verhandlung oft entscheidend im eigenen Sinne beeinflussen.

Im Vereinskontext kennen wir das als Tagesordnung mit den einzelnen Tagesordnungspunkten, den TOPs. Im Vereinskontext kann an einer einmal gesetzten Tagesordnung nicht mehr gerüttelt werden. Zusätzliche TOPs können nicht mehr abgestimmt werden, da Vereinssatzungen und das BGB (Bürgerliche Gesetzbuch) dies nicht zulassen. Anders verhält es sich bei Geschäftsverhandlungen. Da legen Sie – ob mit oder ohne Hilfe Ihres Verhandlungspartners – die einzelnen Verhandlungspunkte flexibler fest.

Doch bevor Sie einzelne Punkte besprechen, rate ich Ihnen, zunächst den Verhandlungsprozess selbst zum Thema zu machen. Das kann Ihnen Missverständnisse und Ärger ersparen.

Freundliche Fragen wie:»Wer aus Ihrem Unternehmen muss bei dieser Verhandlung mit an Bord sein?« und »Wer außer Ihnen wird an der Entscheidung beteiligt sein?« helfen ihnen, auch Personen sichtbar zu machen, die eventuell im Hintergrund eine Rolle spielen und die Verhandlung beeinflussen. Merken Sie sich gern diese Formulierung, denn so stellen Sie die Kompetenz Ihres Gegenübers nicht infrage, im Gegensatz zur plumpen Frage:»Sind Sie denn überhaupt befugt, das zu entscheiden?«

Denn wer möchte schon kurz vor dem greifbaren Abschluss einen Satz hören wie:»Ja, wir wären mit diesen Bedingungen so einverstanden; wir müssen das in den nächsten Wochen nur noch mit dem Topmanagement abstimmen.«

Mit Fragen wie »Wie viel Zeit wird Ihr Unternehmen brauchen, um den Deal abzuschließen?« und »Gibt es wichtige Meilensteine oder Daten, die wir im Blick haben sollten?« erkunden Sie den Zeithorizont, den die andere Seite vorgesehen hat, sowie den größeren Kontext, in dem die Gegenseite agiert. Auch das schützt Sie vor unliebsamen Überraschungen und unvorhergesehenen Verzögerungen.

Und zusätzlich holen Sie im Rahmen Ihrer Vorbereitungen weitere grundlegende Informationen ein:

- Wem sitze ich im Verhandlungsgespräch gegenüber?
- Welche Punkte sollen besprochen werden?
- Wann kommen die für mich wichtigen Themen an die Reihe (falls die nicht auf der Agenda stehen)?

Je mehr Klarheit Sie über den geplanten Ablauf des Verhandlungsprozesses haben, desto weniger werden Verzögerungen oder später auftauchende Personen Sie verunsichern: Weil Sie einordnen können, ob das im Kontext des Verhandlungspartners üblich ist oder Sie das als taktisches Störfeuer einordnen sollten.

Die Agenda zu entwerfen, ist mehr als eine Formalität. Denn mit der Agenda steuern Sie, was wann verhandelt wird und gegebenenfalls auch wie lange. Das ist oft von entscheidender Bedeutung. Achten Sie dabei auf drei Aspekte:

1. Der sprachliche Ausdruck: Am besten formulieren Sie Verhandlungsthemen als Ausgangspunkt mit offenem Ende. *»Antrag auf nachträgliche Genehmigung von plus 4 000 Euro für Fortbildungsmaßnahmen wegen Kalkulationsfehler«* wäre ein ungeeigneter Wortlaut.

Denn damit geben Sie schon den Weg vor: Die Entscheider sollen den Antrag genehmigen. Das erzeugt leicht Widerstand. In diesem Fall: »Wie konnte der Kalkulationsfehler passieren?« und »Warum sollen wir den mit unserer Entscheidung ausbügeln?«

Besser ist es, den Verfahrensweg offen zu lassen. *»Nachkalkulation Fortbildungsmaßnahmen: plus 4 000 Euro«.* So formuliert, setzen Sie nur den Ausgangspunkt, der lautet: Die Fortbildungsmaßnahmen wurden nachkalkuliert. Nun können die Entscheider fragen:»Wieso?« Die Verantwortliche:»Es gab leider einen Berechnungsfehler aufgrund von ...« Das versetzt die Entscheider in die Position zu sagen:»Na ja, so etwas kann passieren. Auf jeden Fall ist die Fortbildung wichtig ...« und könnten»ausnahmsweise« nachgenehmigen. Dann wäre die Nachgenehmigung aus Sicht der Entscheider *ihre* Idee und *ihre* Entscheidung. Das bedient das Autonomiebedürfnis des Menschen. Und dieses Gefühl macht den entscheidenden Unterschied.

2. Versehen Sie die Agenda mit Zeitangaben: Wenn Sie einzelnen Themen eine Zeitvorgabe geben, haben Sie einen zusätzlichen Verhandlungshebel: die vereinbarte Zeit, die es einzuhalten gilt. Sie können die Verhandlung lenken, in dem Sie Druck ausüben nach dem Motto:»Wir müssen zu einer Einigung kommen!« Oder Sie brechen das Gespräch über diesen Punkt ab:»Ich sehe nicht, wie wir in dieser Frage heute in der vereinbarten Zeit zum Ziel kommen können, und schlage vor, im nächsten Treffen noch einmal darauf zurückzukommen.« Wenn es hingegen gut läuft, vergessen Sie die Zeit einfach und lassen die Verhandlung des Punktes weiterlaufen.

Das funktioniert allerdings nur, wenn die Zeitvorgaben von allen Verhandlungspartnern als verbindlich akzeptiert werden. Daher sollten Sie dies zu Beginn in der Runde abstimmen:»Sind Sie einverstanden, dass wir jedem TOP 15 Minuten geben? Dann wären wir in anderthalb Stunden durch ...?«

Machen Sie sich auch Gedanken über Ihre taktischen Schritte, das heißt, *wann* Sie *welche* Forderung einbringen. In den meisten Besprechungen müssen sich die Beteiligten erst warm reden, Hierarchieorientierte klären ihre unausgesprochene Rangordnung (Kapitel 26). Um die ersten Punkte wird deshalb oft am heftigsten gerungen. Darum setze ich wichtige Verhandlungspunkte nicht an den Anfang, sondern in die Mitte oder an das Ende einer Tagesordnung. Eine Agenda haben Sie ja immer, wenn Sie strategisch vorgehen. Vielleicht nicht schriftlich formuliert, doch selbst in der Gehaltsverhandlung lohnt es sich zu überlegen, in welcher Reihenfolge Sie Ihre mitgebrachten Forderungen auftischen.

3. *Zeigen Sie Ihren Führungsanspruch:* Weil in jeder Verhandlung auch unausgesprochene Ansprüche und Absichten eine große Rolle spielen, dürfen Sie das Setzen von Agenden auch unter dem Blickwinkel der Machtdemonstration betrachten. Menschen, die im Leben eher beziehungs- und sachorientiert unterwegs sind, stehen dem Hin- und Herschieben von TOPs am Anfang einer Besprechung oft recht verständnislos gegenüber. Für sie ist das nur ein formaler Akt. Doch wer die Verhandlungsordnung bestimmt, demonstriert damit Führungsanspruch. Menschen, die auf der vertikalen Ebene agieren, wo man(n) sich zwischen Rang und Revier positioniert, verstehen solche Botschaften unmittelbar.

Wenn Sie also Ihren Anspruch auf Verhandlungsführung manifestieren wollen, akzeptieren Sie nicht unwidersprochen die von anderen vorgelegte Agenda. Begutachten Sie sie kritisch, verschieben Sie einzelne Besprechungspunkte oder stellen Sie einen TOP infrage (»Dies sollte heute nicht Gegenstand unserer Besprechung sein.«) Ich garantiere Ihnen: Die unterschwellige Botschaft wird verstanden.

Wie Sie Verhandlungshebel geschickt betätigen

Bei professionellen und politischen Verhandlungen ist es üblich, die Agenda im Vorfeld über die Medien zu verbreiten, um die Verhandlungspartei auf der anderen Seite wissen zu lassen, was sie erwarten kann (meistens nicht viel).

Schauen Sie mal, wie eine hessische Universitätspräsidentin das 2015 in einem Zeitungsinterview machte, in dem sie appellierte, die geforderten Tarifverträge für universitäre Hilfskräfte in eine bestimmte Richtung zu verhandeln. Das kurze Zitat führt vor Augen, wie geschickt das Agendasetting aus der Ferne betrieben werden kann, wie Anker gesetzt werden und mit welchen Verhandlungshebeln gearbeitet wird.

»In einer Demokratie kann man nicht immer Maximalforderungen durchsetzen. Alle müssen bereit sein, Kompromisse zu schließen. Einer könnte darin bestehen, sich auf die schon erwähnte Selbstverpflichtung der Universität zu einigen. Deren Bestandteil könnte auch sein, die Löhne der ›Hiwis‹ an die allgemeine Lohnentwicklung an der Universität zu koppeln. Das halte ich für vernünftig und logisch. Die Forderung nach einem Tarifvertrag darf jedoch keine conditio sine qua non für die Gespräche sein.«[39]

Erkennen Sie die Hebel, die die Präsidentin hier ansetzt? (Sonst schauen Sie nochmal in Kapitel 8 nach.) Die ersten zwei Sätze sind der Aufstellung einer Norm gewidmet: *»In einer Demokratie kann man nicht immer Maximalforderungen durchsetzen. Alle müssen bereit sein, Kompromisse zu schließen.«* Die Botschaft ist klar. Demokratie heißt Kompromissbereitschaft. Dies setzt die verpflichtende Vorgabe für die Verhandlungsparteien – entsprechend mit »man« formuliert. Jeder vernünftige, der Demokratienorm verpflichtete Verhandlungspartner würde hier schon mal still zustimmend sein erstes Ja nicken. Der normative Hebel funktioniert.

Auf der Basis der gemeinsamen Demokratienorm werden dann zwei Lösungen präsentiert, beide sprachlich geschickt im Konjunktiv: *»Einer könnte darin bestehen, sich auf die schon erwähnte Selbstverpflichtung der Universität zu einigen.«* Und: *»Deren Bestandteil könnte auch sein, die Löhne der Hiwis an die allgemeine Lohnentwicklung an der Universität zu koppeln.«* Mit Konjunktiven wie »würde«, »hätte«, »könnte« setzen Sie niemanden unter Druck.

Dann folgt ein weiterer normativer Appell: *»Das halte ich für vernünftig und logisch.«* Am Schluss steht die Forderung an die Verhandlungspartner, ihre Erwartungen herunterzuschrauben. *»Die Forderung nach einem Tarifvertrag darf jedoch keine conditio sine qua non für die Gespräche sein.«* Das »darf nicht« steht hier ohne Konjunktiv.

Im Dialog am Verhandlungstisch könnte das so klingen:

»Ich denke, wir stimmen darin überein, dass in einer Demokratie alle bereit sein müssen, Kompromisse zu schließen?«

(Stilles inneres Nicken aller demokratisch-gesinnten Verhandlungspartner – das erste »Ja«.)

»Und wir haben alle das Interesse, diese Verhandlung rational und vernünftig zu führen, oder?«

(Stilles inneres Nicken aller vernünftigen Verhandlungspartner – das zweite »Ja«.)

»Wäre es für Sie denkbar, dass wir uns auf die Selbstverpflichtung der Uni einigen? Könnten Sie sich vorstellen, die Löhne der Hiwis an die allgemeine Lohnentwicklung an der Uni zu koppeln? Schließlich kann die Forderung nach einem Tarifvertrag ja keine conditio sine qua non für unsere Gespräche sein ...«

Tja, als vernunftbegabte Wesen, die mit beiden Beinen auf demokratischem Boden stehen, sollten wir als Verhandlungspartner auf der anderen Seite also nicht auf unbedingten Forderungen (conditio sine qua non) beharren. Und wenn doch, fühlen wir uns spätestens jetzt irgendwie unwohl, weil undemokratisch ...

Diese kurze, geschickt formulierte Aussage arbeitet mit zwei normativen Hebeln, zwei Lösungsvorschlägen im verträglichen Konjunktiv und mit einer Grenzziehung. Die normativen Standards lauten: Demokratie ist Kompromissbereitschaft, und: Entscheidungen müssen »vernünftig und logisch« getroffen werden. Und deshalb dürfen Tarifverträge keine Bedingung sein, die nicht infrage gestellt werden kann. Gegen diese unterschwellige Verhandlungsführung durch die Festlegung von gemeinsam geteilten Standards kann man sich nur wehren, wenn man den Mechanismus und die Rhetorik durchschaut.

Grundsätzlich reagieren vernünftige Menschen gut auf Argumente, die ihren eigenen Standards und Normen entsprechen. Deshalb mein Rat: Üben Sie nicht zu schnell Druck aus, wenn ein auf Standards basiertes Vorgehen ebenso möglich ist.

Und sehen Sie eine Agenda als das, was sie ist: mehr als eine rein formale Liste, die bloß die Reihenfolge von zu verhandelnden Themen festlegt. Eine Agenda ist ein Handlungsinstrument, das Führungsmacht gibt.

17. Warum Sie aufhören sollten zu argumentieren

»Wenn Frauen die Welt regieren würden, hätten wir keine Kriege, nur intensive Verhandlungen alle 28 Tage«, sagte der US-amerikanische Schauspieler und Komiker Robin Williams – blieb uns aber die Erklärung schuldig, wieso er auf 28 Tage kam.

Williams' Aussage enthüllt, was manche Männer insgeheim über weibliche Verhandlungspartner denken. So vertraute mir ein Seminarteilnehmer – Anwalt von Beruf – neulich im Pausengespräch an:»Ehrlich gesagt verhandeln wir nicht gern mit Frauen. Die reden immer so viel – über Dinge, die längst klar sind.«

Viele Frauen meinen, gut verhandeln heißt, das Gegenüber mit Argumenten zu überzeugen. Je schwieriger das Gespräch wird, desto mehr Begründungen, Beispiele und Gegenbeispiele fahren sie auf, je mehr Widerstand sie wittern, desto eher gerät ihre Argumentation in den Strudel der Rechtfertigung. In solchen Situationen redet sich manche um Kopf und Kragen.

Wie lässt sich das erklären? Mit dem Modell, das ich Ihnen in Kapitel 6 vorgestellt habe. Frauen, die im Leben eher beziehungsorientiert unterwegs sind, legen Wert darauf, Beziehungen aufzubauen und zu wahren.

Selbstsabotage durch das Hochstaplersyndrom

Manchmal kommt aber noch ein tiefer liegendes Gefühl hinzu, das die US-amerikanische Sozialpsychologin Amy Cuddy das Hochstaplersyndrom nennt. Das macht vor allem Frauen das Leben im Allgemeinen und das Verhandeln im Speziellen besonders schwer. Es ist eine kleine, penetrante, innere Stimme, die uns zuflüstert:»Du verdienst es nicht, hier zu sein, weil du das, was du hier tun sollst, eigentlich nicht wirklich gut kannst.« Und dann fühlen wir uns, als hätten wir unsere Umwelt dazu gebracht, uns als kompetenter und talentierter einzuschätzen, als wir eigentlich sind. Und wir fühlen uns, als ob wir eigentlich nicht dahin gehören, wo wir gerade stehen. Infolgedessen beschäftigt sich ein Großteil unseres Denkens damit, wie andere uns beurteilen, wir überprüfen still und eilig, was wir vor fünf Sekunden gesagt haben und welche Auswirkungen das auf uns haben könnte. Die damit einhergehenden Ängste und Zweifel rauben uns Handlungsmacht und mindern die Präsenz, die wir hätten, wenn wir einfach selbstbewusst und entspannt dastehen würden. Denn ganz ehrlich: Wenn *wir* schon nicht glauben, dass wir an diesem Platz hier sein sollten – wie wollen wir dann jemand anderen davon überzeugen? Dieses Hochstaplersyndrom tragen mehr Menschen in sich, als Sie vermuten.

Das Fatale daran für Verhandlungssituationen: Wer tief im Innern an sich zweifelt, möchte es sich mit seinem Verhandlungspartner lieber nicht verderben. Oder schlimmer noch: Er will das Wohlwollen seines Gegenübers erwerben. Und im Kopf sitzt dann die Vorstellung, dass man mit den eigenen hohen Forderungen den anderen verprellen könnte. Das ist aber nicht so.

Bei den meisten Männern – ob statusorientiert oder einfach verhandlungserprobt – haben knallharte Forderungen keine negativen Auswirkungen. Man(n) kann hart kämpfen – und trotzdem hinterher zusammen noch einen Kaffee trinken gehen.

Damit Sie in Zukunft mehr fordern und weniger argumentieren, lassen Sie uns in diesem Kapitel mal den Unterschied von Argumenten und Forderungen untersuchen. Mit dem Ziel, dass Sie zukünftig in Verhandlungen Forderungen stellen und aufhören zu argumentieren.

Argumentieren besteht aus begründen, beschreiben, erläutern und aufzeigen. Beim Argumentieren bringen Sie Beispiele und Gegenbeispiele, stellen Fragen und Nachfragen, entwerfen und bewerten Lösungsmöglichkeiten. Argumentierend können Sie ein ganzes Feuerwerk an Begründungszusammenhängen abfackeln.

Doch zu jedem Argument, dass Sie anführen, gibt es mindestens ein Gegenargument. Das bedeutet: Je mehr argumentativen Stoff Sie in einer Verhandlung liefern, desto mehr Angriffsfläche bieten Sie Ihrem Verhandlungspartner, Ihre Argumente zu zerpflücken. Verhandlungen sind aber keine Diskussionsveranstaltungen, bei denen ein Schiedsrichter am Ende entscheidet, welche Partei die Verhandlung gewinnt, weil sie die überzeugenderen Argumente hat.

Eine weiteres Problem ist: »Ein gutes Argument wirkt wundervoll. Nur nicht auf den, der etwas hergeben soll«, erkannte der große deutsche Literat Bertolt Brecht. Durch Argumente werden Sie niemanden überzeugen, der sich nicht überzeugen lassen will. Denn Ihr Gegenüber müsste ja seine vorgefasste Meinung hergeben.

Während Sie also munter argumentieren, wird Ihr Gegenüber bereits darüber nachdenken, was für ein Gegenargument er anbringen kann. Das führt dann zu höchst unfruchtbaren Gesprächssituationen, die FBI-Verhandler Chris Voss[40] so beschreibt: »Diejenigen, die Verhandlungen als einen Kampf der Argumente betrachten, sind von den Stimmen in ihrem eigenen Kopf überwältigt. Wenn sie nicht reden, denken sie über ihre Argumente nach, und wenn sie reden, platzieren sie ihre Argumente. Oft machen sie auf beiden Seiten des Tisches dasselbe. Dann haben wir etwas, was ich ›Zustand der Schizophrenie‹ nenne: Jeder hört nur auf die Stimmen in seinem eigenen Kopf.«

Aber – werden Sie jetzt einwenden – wenn ich eine Gehaltserhöhung will, muss ich die doch begründen. Den Preis für meine Dienstleistung muss ich doch erklären. Antwort: Auf die Dosis kommt es an. Manche Substanzen wirken in großen Dosen als Gift, in kleinen Portionen als Heilmittel. Und genau so sollten Sie Ihre Begründungen einsetzen: sparsam. Ein Halbsatz kann schon reichen.

Schwer zu glauben?

Populär wurde die Langer-Studie,[41] die 1978 untersuchte, wie stark der *Inhalt* unserer Worte soziales Verhaltens steuert. Die Studie bestand darin, dass ein Forscher in drei verschiedenen Versuchsrunden mit drei verschiedenen Fragesätzen darum bat, an einem Fotokopiergerät vorgelassen zu werden.

Der Wissenschaftler saß in einer Bibliothek an einem Tisch, von dem aus er den Kopierer im Blick hatte. Wenn sich jemand dem Gerät näherte, wurde diese Person von ihm angesprochen, kurz bevor sie das zum Kopieren notwendige Geld einwarf. Die Person wurde dann gebeten, den Forscher das Gerät zuerst benutzen zu lassen, um entweder 5 oder 20 Seiten zu kopieren.

Die Bitte kam immer in einem einzigen Satz:

»Entschuldigen Sie, ich habe 5 (20) Seiten. Kann ich das Gerät benutzen?« war mäßig erfolgreich. Nur 60 Prozent der Befragten ließen ihm beim Kopieren den Vortritt.

»Entschuldigen Sie, ich habe 5 (20) Seiten. Kann ich das Gerät benutzen, weil ich in Eile bin?« war deutlich erfolgreicher: Hier ließen 94 Prozent der Befragten dem Forscher den Vortritt. Wenn Sie denken, dass es wegen der nachvollziehbaren Begründung war: »weil ich in Eile bin«, irren Sie sich.

Denn die weniger sinnvolle Begründung: »Entschuldigen Sie, ich habe 5 (20) Seiten. Kann ich das Gerät benutzen, weil ich die kopieren muss?« brachte immer noch 93 Prozent der Befragten dazu, den Forscher vorzulassen.

Es war allein das Wörtchen »weil«, das wirkte. Dieses kleine Wort löste bei den Angesprochenen eine Art automatische Reaktion aus, den geforderten Gefallen zu gewähren. Was sagt uns das? Wenn wir das *Gefühl* einer Begründung haben, reicht das schon. Die Begründung selbst muss nicht unbedingt rational nachvollziehbar sein.

So viel zur erstaunlichen Wirkung einer Forderung mit minimaler Begründung und den Nachteilen des Argumentierens beim Verhandeln.

Wie aber fordern Sie wirkungsvoll?

Eine Forderung ist ein Anspruch: Der Staat hat Steuerforderungen an uns, Verkäufer haben an Käufer einen Anspruch auf Zahlung des Kaufpreises, Käufer erwerben Leistungsansprüche und so weiter. Anspruch ist das Wort, das Ihre innere Einstellung prägen sollte. Beim Verhandeln tragen Sie Ansprüche vor, Dinge, die Ihnen wichtig sind, die Sie erlangen möchten – keine Bitten.

Eine Forderung muss nicht begründet werden. Aber es hilft – wie wir oben gesehen haben –, sie mit einem kurzen »weil« wirksamer zu machen.

Im Businesskontext denken viele im BWL-Maßstab: Zahlen, Daten, Fakten. »Was man nicht messen kann, existiert nicht«, ist eine alte

Managerregel. Bereiten Sie also ein kurzes ZDF-Programm vor, dass Sie Ihrem Gegenüber in kleinen »Weil«-Dosen verabreichen. Machen Sie für Ihren Verhandlungspartner sichtbar, was er verliert oder was er gewinnt, wenn er in Ihre Richtung denkt. Machen Sie Auswirkungen spürbar, sagen Sie als Personalleiterin beispielsweise Ihren Verhandlungspartnern aus dem Topmanagement deutlich, dass bereits sechs wertvolle Mitarbeiterinnen in den vergangenen zwei Jahren gegangen sind, die durch Karriereförderungsmaßnahmen hätten gehalten werden können.

Und es ist sinnvoll, Forderungen von Angeboten zu unterscheiden. Forderungen beziehen sich auf etwas, das Sie vom anderen haben möchten (beim obigen Beispiel: »Kann ich das Gerät benutzen?«). Angebote beziehen sich auf etwas, das Sie dem anderen geben möchten. Forderungen und Angebote können Sie in der parallelen Angebotsstrategie (Kapitel 10) miteinander in Beziehung setzen, denn beispielsweise ist eine Forderung nach 14 900 Euro ja meist verknüpft mit einem bestimmten Umfang an Leistungen, die Sie für den Preis bieten.

Heben Sie sich Ihre Freude am Argumentieren also für den Debattierklub auf und konzentrieren Sie sich in Verhandlungen darauf zu fordern. Für die Art, Ihre Forderungen anzubringen, orientieren Sie sich am besten an der Erkenntnis des Hirnforschers Gerald Hüther: »Wir können Menschen nicht überzeugen. Wir können sie nur einladen, sich zu überzeugen.« Das heißt, überzeugen können Sie am ehesten, wenn Sie in der Welt des anderen verhandeln.

Inspirieren Sie Ihren Verhandlungspartner dahingehend, dass er von sich aus in Ihre Richtung denkt – entweder, weil ihm klar wird, dass er viel gewinnen kann, weil er viel zu verlieren hat, weil er gegen seine eigenen Prinzipien verstoßen müsste, wenn er Ihre Forderung abweist, oder weil ihm aufgeht, dass er eine Menge gewinnen kann, wenn er Ihre Forderung akzeptiert. Wenn Ihr Verhandlungspartner sich davon überzeugt, dass die von Ihnen gewünschte Lösung seine eigene Idee ist, dann ist der Verhandlungsprozess in gutem Fahrwasser. »Meine derzeitige Funktion ist ja wie Innen- und Außenministerin zugleich: Ich führe einerseits zahlreiche Projekte unserer Organisation und zugleich repräsentiere ich sie auf vielen Veranstaltungen nach außen. Wäre dieser Job in zwei Stellen aufgeteilt, wäre er deutlich kostspieliger als eine Gehaltserhöhung. Was meinen Sie, wie meine derzeitige Funktion monetär aufgewertet werden könnte?«

Unterlassen Sie also den Versuch, Ihr Gegenüber mit gnadenloser Logik, lückenlosen Beweisen oder roher rhetorischer Gewalt zu überwältigen. Reden Sie einfach weniger. Lassen Sie Ihrem Gegenüber ruhig den höheren Redeanteil. Und hören Sie zu. Konzentrieren Sie sich darauf, so viele Informationen wie möglich zu finden, durchaus auch durch Nachfragen – einem Thema, dem wir uns in Kapitel 19 ausführlicher widmen. Sie wissen ja aus Kapitel 8: Motive können im Laufe des Verhandlungsprozesses nützlich sein, um den Verhandlungspartner mit seinen eigenen Werten zu konfrontieren und normativ unter Druck zu setzen.

18. Wie sich eine bewusste Wortwahl auszahlt – formulieren statt argumentieren

Die Kunst der Rede (Rhetorik), oder schlichter: die Geschicklichkeit im Umgang mit Worten, spielt beim Verhandeln eine große Rolle. Es macht einen großen Unterschied, ob Sie Ihren Verhandlungspartner mit einem drängenden »Ich will ...« konfrontieren oder ihm im moderaten Konjunktiv mehr Spielraum für seine Antwort geben: »Wäre es für Sie denkbar, dass ...« Mit einem »Ja, ich verstehe Ihr Anliegen, aber ....« stellen Sie allein durch das »aber« den anderen schon infrage.

»Implizit unterteilen wir die Welt in ›Wir‹ und ›Sie‹, wobei wir Erstere vorziehen. In der Frage, wen wir welcher Gruppe zuordnen, sind wir leicht zu manipulieren, auch unterschwellig und in Sekundenschnelle«, sagt der Neurobiologe und Pavianforscher Robert Sapolsky in seinem großartigen Buch *Gewalt und Mitgefühl*.[42] Ihre Wortwahl im Umgang mit Ihrem Verhandlungspartner macht den großen Unterschied, ob Ihr Gegenüber sich von Ihnen anerkannt fühlt und infolgedessen in der Verhandlung ein »Wir-Gefühl« erreicht werden kann oder nicht.

Mein Kollege Hannes ist ein Musterbeispiel für solch rhetorisches Verhandlungsgeschick. Seine Methode ist im Prinzip ganz einfach und sehr effizient.

In Meetings stimmt Hannes dem anderen zunächst grundsätzlich zu – unabhängig davon, was dieser inhaltlich gesagt hat: »Ich stimme mit Ihnen völlig überein, dass wir diesen Punkt ausdiskutieren sollten ...«, sagt er beispielsweise. Mit der Zustimmung im ersten Halbsatz signalisiert er seinem Gegenüber, dass er ihm zugehört hat, ihn ernst nimmt und dessen Redebeitrag akzeptiert. Der zweite Halbsatz wird dann eingeleitet mit: »... und möchte noch ergänzen, dass ...« Was dann folgt, steht inhaltlich oft komplett im Widerspruch zu dem, was der andere gesagt hat. »Ich stimme mit Ihnen völlig überein, dass wir diesen Punkt ausdiskutieren sollten, und möchte noch ergänzen, dass wir angesichts der knappen Zeit unsere Konzentration jetzt dem nächsten Thema zuwenden sollten.« Hannes beherrscht die rhetorische Kunst, Widerspruch verdaulich darzureichen und unter Beteiligten auch in einer angespannten Atmosphäre Gesprächsfähigkeit herzustellen.

Diese Methode klingt irrational, aber sie funktioniert. Sie funktioniert, weil eben keineswegs nur der sprachliche Inhalt zählt, wenn wir miteinander reden, sondern oft vielmehr die Art und Weise, wie etwas sprachlich ausgedrückt wird. »Man widerspricht oft einer Meinung, während uns eigentlich nur der Ton missfällt, in dem sie vorgetragen wurde«, sagte Philosoph Friedrich Nietzsche.

Ein weiteres Beispiel dafür ist folgender, der Wirklichkeit abgelauschter Gesprächsverlauf, der zwischen Hannes, dem drängenden Karl und dem Projektleiter Södermann stattfand. Es ging um ein Verhandlungsprotokoll.

Karl: »Meine dringende Bitte: Ich vermisse detaillierte, verständliche Informationen zu den im letzten Gespräch diskutierten Sachverhalten. Der Projektverlauf ist falsch dargestellt. Wir brauchen Ergebnisse und keine unausgewogene Darstellung von Prozessen. Das ist die Aufgabe des hochbezahlten Projektleiters und seiner Mitarbeiter. Ich bitte also schnellstens um Nachbesserung, Herr Södermann.«
(Herr Södermann schweigt)
Hannes: »Ihre Auffassung, dass falsch dargestellte Sachverhalte korrigiert werden müssen, teile ich. Können Sie Ihren Einwand konkretisieren? Welche Darstellung halten Sie für sachlich irreführend? Wie müsste die Formulierung Ihrer Meinung nach korrekt lauten?«
Karl: »Vielen Dank für die Wahrnehmung meiner Entrüstung. Ich nenne gern zwei Beispiele ...«

Gesichtswahrende Formulierungen, die mit einer grundsätzlichen Zustimmung beginnen, kommen eben ganz anders an, als wenn Sie mit einem direkten »Ich sehe das aber anders« dagegen halten. Die einleitende Zustimmung am Anfang des Satzes sichert dem anderen den

Grundrespekt zu, den er braucht, um Antworten auf die nachfolgenden Fragen zu geben. Diese Antworten geben wertvollen Aufschluss über das Denken des Verhandlungspartners – und damit möglicherweise neue Hebelansätze (davon mehr im nächsten Kapitel).

Ein anderes hochwirksames Sprachinstrument ist das kleine Wörtchen »wir«. Drei Buchstaben mit großer psychologischer Wirkung. Wer »wir« sagt statt »ich«, legt den Fokus auf das Gemeinsame, das Miteinander. Ein »Wir« eignet sich vorzüglich, um *Ihr* Anliegen zum Anliegen des anderen zu machen. Ich nutze es gern als Einstieg bei schwierigen Gesprächen, bei denen ich ein Problem habe, an dessen Lösung der andere mitarbeiten soll. »Guten Tag, Frau Schmidt. Ich rufe Sie an, weil in unserem Projektvorhaben ein Problem aufgetreten ist, für das wir sicherlich eine Lösung finden.« Manchmal auch nur kurz und fordernd: »Guten Tag, Frau Schmidt. Wir haben da ein Problem ...«

Das »Wir« hilft, die Konzentration auf die Gemeinsamkeiten zu lenken, denn Gemeinsamkeiten sind es ja, die zur Übereinkunft führen.

Wie entscheidend sprachliche Formulierungen innere Haltungen prägen und infolgedessen auch unser Handeln, führte uns Psychologieprofessor Lee D. Ross[43] mit einem Verhaltensexperiment vor Augen, das 2004 in Fachzeitschriften für Aufsehen sorgte. Das Experiment bestand darin, dass zwei Personengruppen ein Spiel spielen sollten, das auf zwei Arten gespielt werden konnte: entweder kooperativ als Win-Win-Spiel oder konkurrierend auf Gewinn und Verlust.

Das Spiel war für beide Gruppen das gleiche. Verschieden war, wie die Spieler vorab gebrieft wurden. Der einen Gruppe wurde mitgeteilt, sie würde gleich das Community Game (Gemeinschaftsspiel) spielen. Das Spiel wurde mit Worten eingeführt, die Assoziationen von Kooperation und geteiltem Schicksal hervorriefen.

Gegenüber der anderen Gruppe nannte man das Spiel »Wall Street Game« – nach der gleichnamigen New Yorker Straße, die für weltweite Finanz- und Börsengeschäfte steht. Entsprechend wurden in den Köpfen der Spieler Assoziationen von Haifischbecken und gegenseitiger Konkurrenz geweckt. ›Priming‹ nennt man diese Art, Menschen durch sprachliche Einführung in eine bestimmte Denkrichtung zu lenken.

Das Ergebnis: Die Personen, die das Community Game spielten, verhielten sich doppelt so kooperativ und teilten Mitspielern ehrlicher ihre

Spielintentionen mit als jene, die glaubten, sie würden das Wall Street Game spielen.

Welche Rolle solche sprachlichen Bezugsrahmen – sogenannte Frames – in unserem Gehirn spielen, wenn wir Sprache deuten, ist mittlerweile gut erforscht (lesen Sie dazu auch Kapitel 3).

Beim Verstehen von Wörtern werden in unserem Gehirn gespeicherte Erinnerungen, Gefühle und sogar Bewegungsabläufe aufgerufen. Bei Verben wie »laufen« oder »schlagen« simuliert die Gehirnregion, die für Bewegungen zuständig ist, automatisch und unbewusst auch die dazugehörigen Bewegungen. Bei dem Wort »Hammer« beispielsweise wird die Erinnerung an die Bewegung noch ergänzt durch: »Nagel einschlagen«. Wortbedeutungen zu erfassen, ist also ein hochkomplexer Prozess, der sich fernab von unserem Bewusstsein abspielt. »Kognitive Simulation« nennen Forscher das.[44] Daher macht es einen großen Unterschied, ob mit dem sprachlichen Bezugsrahmen »Gemeinschaftsspiel« oder »Wall Street Game« die Assoziationen der Spieler in die eine oder die andere Richtung gelenkt werden. Solche sprachlichen Bezugsrahmen sollten Sie in Verhandlungen ruhig bewusst setzen. Denn Metaphern und Sprachbilder helfen unserem Gehirn, neue Ideen oder abstrakte Konzepte anschaulich, vorstellbar und dadurch akzeptabel zu machen. Achten Sie mal darauf, wie in Politik und Wirtschaftsbereichen häufig Wortschöpfungen auftauchen, die es einem leichter machen zuzustimmen: Wer eine »Allianz« oder einen »Pakt« für etwas schließt, hat das Gefühl, Teil eines positiven, dynamischen Bündnisses zu sein, um etwas durchzusetzen. Wenn Sie positive sprachliche Bezugsrahmen erfinden, kann Ihnen das helfen, komplizierte Sachverhalte schmackhaft zu machen. Ich nenne dieses rhetorische Mittel auch »Wortcontainer«: sprachliche Container, die von der Bedeutung offen genug sind, dass jeder der Verhandlungspartner seine eigenen Vorstellungen dort hineinpacken kann.

Vorsicht vor der Verlustaversion

Positive Bezugsrahmen helfen dabei besser als negative. Wenn Sie Verschlechterungen in Aussicht stellen, spielen Sie mit dem Feuer. Eine

»Vertragsaufhebung« klingt negativ, ein »neuer Vor-Vertrag« besser. Eine Vertragsklausel »nachzujustieren« klingt annehmbarer, als sie zu »korrigieren« oder zu »ändern«.

Warum spielt das eine Rolle? Weil wir Menschen tendenziell eher darauf achten, Verluste zu vermeiden als Gewinne einzustreichen. Es fällt uns schwer, uns von etwas zu trennen. »Verlustaversion« heißt dieses Phänomen, das mittlerweile gut erforscht ist.

Dass wir stärker auf Bedrohungen reagieren, etwas zu verlieren, als auf die Chance, etwas hinzuzugewinnen, kann man als Zeichen für einen uralten Überlebensinstinkt werten. In der heutigen Zivilisationsgesellschaft gerät uns dieser leider häufig zum Nachteil.

Zum Beispiel bei Marketingmaßnahmen, die darauf zielen, bei uns erst einen »Besitztumseffekt« und danach die »Verlustaversion« auszulösen. Nehmen Sie die 30 Tage Probeversion einer neuen Software. Mit dieser Probeversion haben Sie etwas, das Sie nach 30 Tagen wieder hergeben müssten – wenn Sie es nicht kaufen. Was Sie aber schon einmal haben, das geben Sie nicht gern wieder her, und der Effekt ist: Sie überlegen dreimal, ob Sie diesen Besitz nicht behalten wollen, und kaufen infolgedessen manches, was nicht unbedingt sinnvoll ist.

Schon die Abweichung vom gewohnten Zustand wird häufig als Verlust empfunden. Das konnte ich erleben, als ich meinem Bruder bei einem Besuch ein Überraschungsgeschenk bereiten wollte. In seiner Abwesenheit tauschte ich sein altes Keyboard am Computer gegen ein schönes neues aus. Dem alten Keyboard fehlten einzelne Buchstabentasten, und es war nur noch umständlich zu handhaben. Doch statt Dank kassierte ich einen Wutausbruch, als er den Tausch entdeckte. Ich hatte, ohne seine Zustimmung, den Status quo verändert. Seitdem weiß ich: Schon Veränderungen können Verlustaversion auslösen. Sie sind eigene, behutsam zu verhandelnde Punkte.

Wenn Sie nicht wollen, dass Ihre Verlustaversion Ihnen in Verhandlungen ein Bein stellt, gehen Sie also bewusst damit um:

1. Schauen Sie genau hin, wenn Ihr Verhandlungspartner (oder Sie selbst) einen Deal nicht akzeptieren wollen, obwohl der mit annehmbaren Konditionen daherkommt. Zögert Ihr Verhandlungspartner, weil das Zugeständnis schwer zu ertragen wäre? Dann legen Sie in

solch einem Fall noch ein Zusatzangebot drauf! Um die Verlustaversion zu besiegen, muss nach den Studien von Kahnemann & Co der Gewinn doppelt so hoch sein, wie der Verlust eingeschätzt wird.[45]

2. Seien Sie kritisch mit sich, wenn Sie merken, dass Sie nicht willens sind, Ihr Haus/Ihr Auto/Ihren teuren Bürostuhl oder was auch immer für weniger Geld zu verkaufen, als Sie einst selbst dafür bezahlt haben. Lassen Sie sich in solch einem Fall durch einen Sachverständigen oder durch Marktforschung bei einer unabhängigen Bewertung des Verkaufsgegenstandes helfen.

3. Seien Sie kritisch mit sich, wenn Sie eine unfruchtbare Verhandlung weiterführen, weil Sie nicht mit dem unguten Gefühl rausgehen wollen, die bereits investierte Zeit und Mühe zu verlieren. Dann sind Sie wie ein Glücksspieler am Spieltisch, der weitermacht, um den gemachten Verlust wieder hereinzuholen. Solch ein Verhalten führt Sie in die Falle der »versunkenen Kosten«, mit der manche Firmen Millionenbeträge verschleudern: Defizitäre Geschäfte, Verträge oder Projekte werden weitergeführt, weil man die damit bereits gemachten Verluste nicht akzeptieren möchte.

4. Generell: Um die Verlustaversion zu besiegen, schauen Sie in Ihren Verhandlungen bewusst auf die möglichen Gewinne und hüten Sie sich vor der Überbewertung von Risiken. Das gilt natürlich ebenso für Ihren Verhandlungspartner: Sorgen Sie dafür, dass Ihr Gegenüber den Gewinn des Deals vor Augen geführt bekommt! Lassen Sie ihm mit Ihrem Gebrauchtwagen eine ausgedehnte Probefahrt machen; zeigen Sie ihm detailliert auf, wieviel Zeit und Aufwand er spart, wenn er zu Ihrem Angebot noch einen Wartungsvertrag abschliesst, statt nur das Produkt zum günstigen Preis einzukaufen; rechnen Sie ihm am Beispiel eines anderen Kunden vor, wie sich durch den Online-Shop die Einkäufe/Umsätze erhöht haben.

19. Wie Sie Fragen wirkungsvoll einsetzen

Verhandeln ist »ein Prozess der Entdeckung«, beschreibt es FBI-Verhandler Chris Voss treffend und knapp. Aber was genau gilt es zu entdecken? Es sind die Geschäftsbedingungen, zu denen der Deal abgeschlossen werden kann. Ihre eigenen Bedingungen kennen Sie ja; die haben Sie mit Hilfe der vorigen Kapitel, besonders 9 und 10 vorbereitet. Jetzt möchten Sie die Bedingungen kennenlernen, die Ihr Verhandlungspartner erfüllt haben möchte. Wenn Sie finden was Ihr Gegenüber will, dann ist der Weg zur Einigung sichtbar, und Sie wissen, wo Sie ansetzen können.

Verhandeln hat also viel mit dem Einholen von Informationen zu tun. Und das funktioniert am besten durch Fragen: Durch Fragen erfahren Sie einerseits etwas über Ziele und grundlegende Motive Ihres Verhandlungspartners.

Fragen geben andererseits Ihrem Verhandlungspartner die Möglichkeit, seine Vorstellungen und Bedenken auszudrücken.

Mit Fragen können Sie Zeit gewinnen.

Oft werden Sie Ihre Verhandlungen auf der Basis von Recherchen und Annahmen vorbereiten. Die Annahmen, was Ihrem Verhandlungspartner wichtig ist oder welche Beweggründe bei ihm eine Rolle spielen, sollten Ihre Arbeitshypothesen sein. Mehr nicht. Hüten Sie sich also davor, Ihre Annahmen als gegeben anzunehmen. Erst durch Fragen finden Sie heraus, wo Sie richtig liegen – und wo nicht. Das heißt, Sie prüfen am Anfang einer Verhandlung mit gespitzten Ohren: Was von dem, was ich dachte, trifft zu? Wo liegen vielleicht ganz andere Wünsche, Ziele, Motivationen vor, als ich dachte? Hören Sie den Antworten gut zu!

Dazu stehen Ihnen verschiedene Fragetypen zur Verfügung.[46]

Fragen nach Alternativen helfen Ihnen, eine Vorstellung von den Forderungen Ihres Verhandlungspartners zu bekommen:

- »Was würden Sie für fair halten?«
- »Was könnten Sie sich als Alternative zu einer sofortigen Gehaltserhöhung vorstellen?«
- »Was würden Sie an meiner Stelle machen?«

Mit hypothetischen Fragen testen Sie Möglichkeiten und entspannen festgefahrene Situationen:

- »Was wäre, wenn wir uns darauf einigen könnten, die Kosten zu teilen?«
- »Wie wäre es, wenn wir die Gehaltsfrage für einen Moment beiseitelegen und zunächst über die Stellenbeschreibung sprechen?«

Mit Fragen nach Erklärungen gewinnen Sie genauere Informationen – und Sie kaufen sich (Bedenk- und Reaktions-)Zeit:

- »Können Sie mir helfen, das Problem mit dem Liefertermin richtig zu verstehen?«
- »Wie sind Sie auf diese Zahlen gekommen?«

Blättern Sie ein Kapitel zurück und schauen Sie sich noch einmal das Beispiel von Hannes und seinem Kollegen Karl an: Mit zwei klärenden Fragen und einer nach einer Alternative brachte Hannes die Verhandlung aus emotionalen Gefilden zurück ins Sachgebiet – und Karl enthüllte seine konkreten Interessen.

Die Empathieschleife ist eine komplexere Kommunikationstechnik. Sie überprüfen und spiegeln Ihrem Verhandlungspartner systematisch, was Sie verstanden haben.

- Schritt 1: Sie stellen eine Frage, mit der sie präzise Informationen einholen.
- Schritt 2: Sie hören der Antwort gut zu.
- Schritt 3: Sie wiederholen in einer kurzen Zusammenfassung, was Sie verstanden haben, und kombinieren das mit einer kurzen Rückfrage.
- Schritt 4: Bei einem »Ja« Ihres Gegenübers ist der Verhandlungspunkt abgeschlossen; bei einem »Nein« beginnen Sie wieder bei Schritt 1.

Das klingt beispielsweise so:

Schritt 1: Informationen einholen:
»Sie sagten, Ihnen ist wichtig, dass der Onlineshop Ende Mai in Funktion geht. Gibt es ein genaues Datum dafür, oder können wir sagen: Ende Mai plus minus einiger Werktage?«

Schritt 2: Antwort Ihres Verhandlungspartners:
»Das genaue Datum ist der 30. Mai, weil wir den Shop schon mindestens zwei Tage in Betrieb haben wollen, bevor er am 2. Juni in der Presseerklärung zum Firmenjubiläum groß gefeatured wird. Das Ding soll dann ja einwandfrei funktionieren!«

Schritt 3: Sie demonstrieren Ihr Verstehen durch eine Zusammenfassung:
»Wenn ich Sie richtig verstanden habe, soll also am 30. Mai Ihr Onlineshop bereits öffentlich sein und zwar mit folgenden Features ... Ist das richtig?«

Schritt 4: Ihr Gegenüber bestätigt:
»Ja, das ist richtig«
und Sie gehen zum nächsten Verhandlungspunkt über.

Wenn Ihr Gegenüber antwortet:
»Nein, das haben Sie missverstanden. Wir wollen nur sichergehen, dass der Shop gut funktioniert. Aber er soll noch nicht öffentlich zugänglich sein«, dann beginnen Sie wieder bei

Schritt 1: »Gut, vielen Dank für die Klärung. Wenn ich Sie richtig verstehe, soll diese finale Testphase auf einer noch nicht veröffentlichen Internetadresse laufen. Möchten Sie die Tests in den zwei Tagen mit Ihrem Personal durchführen?«

Die Wirkung dieser systematischen Fragetechnik geht weit über die Wirkung von Einzelfragen hinaus. Denn Sie bekommen nicht nur Informationen darüber, was Ihrem Verhandlungspartner wichtig ist, Sie bauen damit vor allem auch Vertrauen auf. Wenn Sie zusammenfassen, was Ihr Gegenüber sagt, und ihm in Ihren Worten zurückspiegeln, was Sie verstanden haben, fühlt sich Ihr Gegenüber in seinen Anliegen wirklich ernst genommen. Vertrauen ist eine wichtige Basis, um miteinander Geschäfte zu machen. Und ein weiterer Vorteil dieser Fragetechnik: Sie schützen sich vor Missverständnissen.

Neil Rackham und John Carlisle veröffentlichten 1978 dazu eine Studie.[47] Das Anliegen der beiden britischen Managementberater war schlicht und schwierig zugleich: Sie wollten professionelle Verhandlerinnen und Verhandler im Gesprächsprozess beobachten und analysieren, welche Verhaltensweisen zum Erfolg führen. Es war nicht leicht für sie, Personen zu finden, die sich bei ihren Verhandlungsprozessen beobachten lassen wollten. Schließlich wurden sie bei Vertreterinnen und Vertretern von Gewerkschaften und Arbeitgebern fündig.

Drei der Kriterien dieser Studie lauteten: Wie viel Zeit verwenden die Verhandelnden darauf,

- Fragen zu stellen,
- Verständnis zu klären,
- Gesagtes zusammenzufassen?

Das Ergebnis war aufschlussreich. 38,5 Prozent der Zeit verbrachten geschickte Verhandler damit, Informationen einzuholen und zu klären. Bei den weniger Erfolgreichen wurde lediglich 18 Prozent der Verhandlungsdauer auf Klärungsprozesse und Zusammenfassungen verwendet. Sie sehen: Fragen, Verständnisklärung und Zusammenfassungen in Verhandlungen sind keine verschwendete Zeit, sondern führen zum Erfolg!

Zusammenfassungen ebnen den Weg zum Erfolg

Überlegen Sie einmal kurz, wie viele Verhandlungen Sie schon als »Sondierungstrips« durch unbekannte Gewässer erlebt haben. Argumente fliegen durch den Raum, die Sprechenden kommen von Hölzchen auf Stöckchen, Themen tauchen auf, die gar nicht auf der Agenda standen, und am Ende stehen Zeitdruck und unbefriedigte Gefühle. Zusammenfassungen sind eine wunderbar strukturierende Kraft, um die Verhandlung wieder auf Spur zu bringen und zwischendurch den Verhandlungsparteien in Erinnerung zu rufen, worin Sie schon übereinstimmen. Sie wissen ja: Der Weg zur Einigung ist gepflastert mit kleinen Gemeinsamkeiten.

Wenn Sie Gesagtes zusammenfassen, dann wiederholen Sie kurz Wesentliches – bloß keine ellenlangen Punkt-für-Punkt-Listen. Also:

- Was haben Sie kurz gesagt schon besprochen?
- Auf was haben Sie sich schon geeinigt?
- Was steht noch aus, das besprochen werden muss?

Sehr wichtig: Spiegeln Sie die Ansichten *beider* Seiten – nicht nur Ihre. Hüten Sie sich davor, dass Ihre Zusammenfassung subjektiv-verzerrt rüberkommt, zum Beispiel dadurch, dass Sie Ihren eigenen Standpunkt wiedergeben. Am besten fügen Sie einfach folgende Frage ans Ende Ihrer Zusammenfassung: »Habe ich Sie da richtig verstanden?« Eine um Neutralität bemühte Zusammenfassung ist eine tragfähige Brücke zu Ihrem Verhandlungspartner.

Statt viel reden lieber viel fragen

Konsequent eingesetzte Rückfragen sind ebenfalls ein wirksames Verhandlungsmittel. »Wie stellen Sie sich das vor?« »Wie soll ich das machen?« Das sind Fragen, mit denen Sie Ihr Gegenüber mit *Ihren* Herausforderungen konfrontieren. »Wie soll das vonstattengehen?« »Wie können wir in so kurzer Zeit das nötige Budget besorgen?« Wenn Sie solche Fragen mehrmals hintereinander freundlich und ratsuchend stellen, hat das zwei Effekte. Der erste: Ihr Verhandlungspartner wird so involviert, dass Ihr Thema allmählich zu seinem wird. Zweiter Effekt: Ihr Verhandlungspartner wird durch das ständige Antworten-finden-müssen langsam zermürbt.

Dazu gehört auch, Gesprächspausen auszuhalten. Viele haben Schwierigkeiten damit, besonders jene, die sich regelmäßig kampflos den schimmernden, wimmernden Reizen ihres Smartphones ergeben. Versuchen Sie es dennoch. Menschen entscheiden sich nicht beim Reden, sondern in der Stille danach. Die Pause nach einem Satz wie: »Wie können wir die Arbeit umverteilen, damit wir den Termin einhalten können?« könnte Ihr Vorteil sein: Denn die Frage nach der Lösungsfindung involviert – wie oben ausgeführt – Ihren Verhandlungspartner, indem er entweder mit Ihnen zusammen nach der Lösung sucht – oder entnervt aufgibt.

Meine Zusammenfassung dieses Kapitels lautet folglich: Fragen Sie viel. Und spiegeln Sie Ihr Verständnis zurück. Fragen Sie in Verhandlungen ruhig doppelt so viel, wie Sie normalerweise fragen würden, denn Fragen helfen Ihnen, die »Geschäftsbedingungen« zu enthüllen, zu denen Ihr Verhandlungspartner der Einigung zustimmt. Verhandeln Sie in der Welt des anderen.

Bevor wir dieses Kapitel abschließen, möchte ich Ihnen noch einen letzten Tipp mitgeben: Gehen … Sie … laaaaangsam … vor.

Viele Verhandlerinnen – besonders wenn sie ungern verhandeln oder zur Ungeduld neigen – möchten schnell und in einem Rutsch zum Abschluss kommen. Das ist ein Fehler! Wenn Ihr Verhandlungspartner das Gefühl hat, dass er nicht gehört wird, weil Sie mit Hochgeschwindigkeit durchs Gespräch eilen, riskieren Sie, die Beziehung und das Vertrauen, das Sie verbindet, zu unterminieren.

20. Wann Warnungen weiterführen

Manchmal ist die Situation festgefahren. Das Gespräch dreht sich seit geraumer Zeit im Kreis, und Sie haben das Gefühl, Ihre Zeit zu verschwenden, weil Sie miteinander einfach nicht weiterkommen. Oder Sie merken, dass die Verhandlung gerade eine völlig falsche Richtung einschlägt, und Sie haben keine Idee, wie Sie das Ganze wieder auf Spur bringen können (zum Beispiel, weil Sie Kapitel 19 noch nicht gelesen haben …)

Oder es geht gerade hoch her: Die Spannung im Raum nimmt zu, Emotionen zwischen den Verhandlungsparteien schlagen Wellen, und auch Sie fühlen Wut, Ärger oder Enttäuschung in sich hochsteigen und fürchten – zu Recht –, Ihre Reaktionen bald nicht mehr im Griff zu haben.

Oder Sie haben einfach das ungute Gefühl, in der schwächeren Position zu sein, vermuten, dass für Sie nicht viel zu holen ist, und möchten sich deshalb aus der Verhandlung herausziehen.

Oder Sie erkennen: Wir stimmen nur darin überein, dass wir nicht übereinstimmen.

Es gibt viele Gründe, eine Verhandlung abbrechen zu wollen. Abbrüche und Vertagungen sind im Verhandlungskontext ein legitimes taktisches Mittel. Bevor Ihr Denkhirn von Cortisol überschwemmt wird, Ihr rationales Denken blockiert ist und das limbische System die Kontrolle über Sie übernimmt, ist es auf jeden Fall ratsam, eine Verhandlung abzubrechen.

Profiverhandler steuern dann gezielt in eine Sackgasse. Das heißt: sie manövrieren den Verhandlungskarren so hinein, dass sie ihn unbeschadet wieder herausziehen können. Dieses Vorgehen schauen wir uns in diesem Kapitel genauer an.

Die eigene Position bestimmen

Zunächst zur Frage: Sollen Sie eine Verhandlung beenden oder gar nicht erst beginnen, wenn Sie sich in der schwächeren Position fühlen? Aber wie finden Sie überhaupt heraus, ob Sie *wirklich* in der schwächeren Position sind?

Dafür hat der US-amerikanische Experte G. Richard Shell eine Frage gefunden, die Ihnen bei der Positionsbestimmung hilft. Sie lautet: »Welche Partei hat weniger Interesse daran, die derzeitige Situation – den Status quo – zu verändern?«[48] Diese Partei sitzt in der Regel zunächst am längeren Hebel. Zunächst. Weil sie nicht verhandeln müsste. (Erinnern Sie sich an das Beispiel von Vera Coking in Kapitel 8.)

Das ist aber noch lange kein Grund, die Verhandlung zu scheuen oder vorzeitig abzubrechen. Denn dieser Zustand ist ja nicht unumstößlich. Wie wir schon mehrfach festgestellt haben, sind Verhandlungen dynamische Prozesse, die sich jederzeit ändern können. Dann nämlich, wenn Sie herausfinden, was der andere alles haben will – und Sie nüchtern eine innere Checkliste durchgehen, was davon unter Ihrer Kontrolle steht. Das können manchmal Kleinigkeiten sein, die für Sie selbstverständlich sind, für den anderen aber eine große Bereicherung wären:

- der Zugang zu der Firma XY, mit deren Chefsekretärin Sie schon lange im selben Frauennetzwerk sind,
- oder der Kontakt zu einem der seltenen Exemplare von Softwarespezialisten, die sowohl kommunizieren als auch programmieren können – und zudem noch schnell und preisgünstig sind.

Auch auf der Ebene der sozialen Bedürfnisse können Sie eigentlich immer etwas geben (oder entziehen). Allein auf dieser Ebene stehen Ihnen immer reichlich Hebelansätze zur Verfügung:

- Anerkennung für Statusbedüftige (»Ich habe mir sagen lassen, Sie verfügen über viel Fachwissen auf diesem Gebiet.«),
- Beziehung für jene, für die Zugehörigkeit eine große Rolle spielt (»Sie haben sich in der Vergangenheit als sehr kooperativ in der Zusammenarbeit gezeigt. Wollen Sie jetzt wirklich durch Ihre Forderung ein Ungleichgewicht im Team schaffen?«),

- Wahlmöglichkeiten für unser aller Autonomiebedürfnis (»Möchtest du die grünen oder die roten Schuhe anziehen?«, wenn ihr Kind sich eigentlich gerade gar nicht anziehen möchte.).

Nehmen wir an, Sie stellen fest, dass Sie tatsächlich in der schwächeren Position sind. Dann verhandeln Sie unbedingt weiter. Und zwar mit einer auf den ersten Blick widersinnigen Taktik: Sie erkennen die Überlegenheit Ihres Gegenübers an und konzentrieren sich darauf, eine gute Arbeitsbeziehung zu ihm aufzubauen.

»Ich sehe, Sie haben da deutlich mehr Informationen als ich und bereits klare Vorstellungen über die Gestaltung des Vertrages. Bitte helfen Sie mir zu verstehen, wie Sie zu den errechneten Summen kommen ...« Sagt Ihr Gegenüber: »Wir verfügen nicht über den Etat, um Ihrer Preisvorstellung (Gehaltsvorstellung) nachzukommen«, könnte Ihre forschende Reaktion lauten: »Wodurch wird der Etat denn bestimmt?«, »Können Sie es im nächsten Etat einplanen?«, »Was muss passieren, um den Etat zu erhöhen?« oder auch: »Dann lassen Sie uns mal über den Arbeitsumfang reden.«

Das Ziel dabei ist: Bringen Sie Ihren Verhandlungspartner zum Sprechen – und lassen Sie ihn reden! Das ist Ihre Chance, an jene Informationen heranzukommen, die Aufschluss über die anzusetzenden positiven, negativen oder normativen Hebel geben, damit Sie die Situation ändern und Ihre Position stärken können.

Warnungen sind okay – Drohungen nicht

Manchmal haben Sie es mit drängenden Verhandlungspartnern zu tun, bei denen Sie mit der Betonung von Gemeinsamkeiten und mit kooperativen Angeboten nicht weiterkommen. Auch das ist noch kein Grund, eine Verhandlung abzubrechen. Versuchen Sie es in dem Fall zunächst mit einer Warnung. Aber Achtung: Warnung heißt nicht Drohung. Wo Warnungen weiterhelfen, weil sie die Vorstellungskraft Ihres Gegenübers antriggern, sind Drohungen kontraproduktiv.

Mit einer Drohung kündigen Sie Konsequenzen an: »Wenn Sie Ihre

Bedingung in Absatz 5 dieser Vorlage nicht ändern, dann werde ich den Vertrag nicht unterschreiben.« Diese Drohung enthält den Aspekt der Unvermeidlichkeit. Sie lassen Ihrem Verhandlungspartner keine Wahl. Das drängt ihn in die Ecke und ist ein grober Verstoß gegen das menschliche Grundbedürfnis nach Autonomie.

Viel besser – weil subtiler – funktionieren Warnungen. Das Schild mit der Aufschrift »Betreten der Eisfläche auf eigene Gefahr« am Teichrand lenkt unsere Aufmerksamkeit auf die drohende Gefahr. Diese Warnung löst bei dem Spaziergänger Assoziationen aus, was passieren könnte, wenn er den Teich betritt. Und die Vorstellungen in unseren eigenen Köpfen sind oft schlimmer als alles, was uns von außen eingepflanzt werden könnte. Ich habe einst ein kleines Kind ins Eis einbrechen sehen, glücklicherweise dicht am Ufer, so dass es von seinen Eltern wieder herausgezogen werden konnte. Doch dieses Bild steht bei Warnungen vor dünnem Eis sofort vor meinem inneren Auge. Entsprechend können Sie davon ausgehen, dass Sie im Kopf Ihres Verhandlungspartner so manches Worst-Case-Szenario antriggern, wenn Sie mit Sätzen warnen wie: »Diese Situation ist derzeit für beide von uns kein Vorteil. Was denken Sie, würde passieren, wenn wir jetzt nicht alles daran setzen, um da wieder herauszukommen?« Ihr Verhandlungspartner sieht seinen Jahresbonus davon schwimmen, oder er fühlt die Angst vor dem Gesichtsverlust in sich aufsteigen, wenn er (vielleicht schon wieder?) ergebnislos von der Verhandlung in die Firma zurückkommt.

Warnungen können mit sanften oder drastischen Formulierungen daherkommen. Vom harmlosen Halbsatz mit offenem Ende: »*Stellen Sie sich vor, wie es wäre, wenn …*« bis hin zu einer direkten Anspielung: »*Ist Ihnen klar, was für einen Eindruck es hinterlässt, wenn eine Person von Ihrem Rang dieses Meeting verlässt, ohne eine Entscheidung getroffen zu haben?*« Wichtig bei Warnungen ist die nachfolgende Pause, in der aufkommende Assoziationen wirken können. Denn Ihr Gegenüber trifft seine Entscheidungen nicht, während er oder Sie reden. Er trifft seine Entscheidungen in der Stille, die den Worten folgt …

Und wenn das alles nicht wirkt? Wenn die Situation emotional wird und Sie auch? Dann ist wirklich der Moment gekommen, wo Sie die Verhandlung in eine Sackgasse steuern und (vorläufig) abbrechen sollten. Dazu blättern Sie weiter zum nächsten Kapitel.

21. Wie der Ausstieg gelingt

Die Verhandlung geht nicht weiter. Ihre Warnungen haben nicht weitergeholfen. Der Moment ist gekommen, wo Profiverhandler in eine Sackgasse steuern und (vorläufig) abbrechen. Haben Sie keine Angst davor. Wenn Sie die untenstehende Vier-Schritte-Methode verwenden, gelingt das ohne negative Nachwirkungen.

Doch bevor Sie das tun, machen Sie sich bitte klar, welchen Grund Sie dafür haben. Benennen Sie diesen innerlich: »Ich bin jetzt zu aufgebracht, um vernünftig weiterzureden.«, »Ich bin ratlos.«, »Ich muss dieses Thema noch mal tiefgehender recherchieren.« Sie sollten wissen, welchen Vorteil Sie sich von dem Abbruch erhoffen. Und Sie sollten eine Idee haben, was Sie in der Zeit zwischen dem Abbruch und der möglichen Wiederaufnahme der Verhandlung tun wollen. Unter welchen Umständen wollen Sie Ihren Verhandlungspartner wieder treffen? Und was wollen Sie dann weiter verhandeln? Denn ein Verhandlungsabbruch bringt nicht nur den Vorteil für Sie, dass Sie einer hochgeschaukelten Situation entrinnen, sich ausruhen oder nochmal mit Außenstehenden beraten können. Ein Abbruch kann sich auch nachteilig auswirken. Dann nämlich, wenn Ihr Verhandlungspartner die Zeit nutzt, indem er einen anderen Anbieter für Ihr Produkt oder Ihre Dienstleistung findet.

Wenn Sie sich zu einem Verhandlungsabbruch entschließen, dann nehmen Sie ihn auf jeden Fall langsam und bedacht vor – nicht mit Pauken und Trompeten à la Marty, unserem Antihelden aus Kapitel 4. Diese Vier-Schritte-Methode hilft Ihnen dabei:

Schritt 1: Zusammenfassung Bringen Sie in freundlich-neutralem Ton auf den Punkt, bis wo Sie miteinander gekommen sind. Diese Zusammenfassung des Status quo nehmen Sie bitte immer vor (siehe auch Kapitel 19). Ehe Sie und Ihr Verhandlungspartner auseinandergehen, führen Sie vor Augen: Worin sind wir uns schon einig – und was trennt uns noch?

Im (zugegeben: humorigen) Modellbeispiel klingt das so:

Dozentin Karin Lehmann sitzt im Kreise von Studiengangskoordinatoren eines Bildungsinstituts. Alle haben schon eine ganze Weile darüber gesprochen, ob sie im nächsten Semester erstmals ein Rhetorikseminar für Fortgeschrittene anbieten wollen. Doch sie kommen nicht weiter, und Karin fühlt, wie sie nervös wird. Sie hat heute noch viel zu tun. Die Koordinatoren sind ihren Forderungen bisher in keiner Weise entgegengekommen, und so beschließt Karin, die Verhandlung an dieser Stelle abzubrechen. Natürlich so, dass sie auch wieder aufgenommen werden kann! Karin will es sich mit dem Institut als Auftraggeber ja nicht verderben.

In Schritt 1 fasst Karin zunächst zusammen, worin die Verhandlungspartner übereinstimmen: »Also, meine Damen und Herren, wir sind uns ja durchaus darin einig, dass ein Aufbauseminar zum Thema Rhetorik eine gute Idee ist. Finanzielle Ressourcen stehen auf Ihrer Seite dafür bereit, und die Evaluationen der bisherigen Seminare zeigen, dass das Interesse der Teilnehmer daran hoch ist.«

Dann macht Karin deutlich, was aus ihrer Sicht noch zu besprechen wäre:

»Der anvisierte Zeitpunkt für solch ein Seminar hingegen liegt in meinen Augen höchst ungünstig. Zum einen werden am 24. Dezember sicherlich wenige teilnehmen. Und zudem scheint mir Ihre Idee, das Seminar dann draußen im Park abzuhalten, schwer durchführbar. Wenn Sie sich vorstellen könnten, das Seminar entweder in den Sommer zu legen oder dafür im Winterhalbjahr zu einem anderen Termin einen großen Raum mit 100 Plätzen zur Verfügung zu stellen, dann sähe ich die Möglichkeit für ein zusätzliches Rhetoriktraining gegeben.«

Schritt 2: Schlusspunkt setzen Jetzt markiert Karin den Moment, den (vorläufigen) Schlusspunkt, der ankündigt, dass sie jetzt das Verhandlungsgespräch beenden wird:

»Nach den vorliegenden Informationen kann ich mein Ausgangsangebot nicht aufrechterhalten.«

Schritt 3: Small-Talk Nun geht Karin auf eine andere Gesprächsebene über: zum Small Talk. Sie packt ganz langsam ihre sieben Sachen zusammen und sagt Sätze wie:»Vielen Dank für die Einladung zum Gespräch heute und für Ihre Zeit. Es war interessant, mich mit Ihnen mal in großer Runde auszutauschen. Ich wünsche Ihnen schöne Osterferien; das Wetter soll ja zumindest in unserer Region ganz herrlich werden …«

Wichtig: Karin verzichtet auf endgültig klingende Abschiedsworte wie, »Ich bedaure sehr, dass wir nicht zusammenkommen konnten.«

Schritt 4: Gehen Jetzt heißt es: Gehen. Ohne zu zucken! Das bedeutet, dass Sie aufbrechen, ohne zögernde Signale auszusenden, die verstanden werden könnten als: Oder wollen wir nicht doch noch weiter reden? Wer zuckt, hat verloren. Wenn Karins Verhandlungspartnerinnen und -partner jetzt sagen:»Aber Frau Lehmann, warten Sie doch mal, wir sind uns doch im Prinzip einig darüber, dass …« weiß Karin, dass sie gewonnen hat und wieder am Verhandlungstisch Platz nehmen kann.

Wenn Karin nicht zurückgerufen wird, ist mit dieser sanften Vier-Schritt-Methode dennoch eine Wiederaufnahme der Verhandlung möglich. Zum Beispiel mit einer Nachfrage eine Woche später:»Wie sieht es aus? Wollen wir uns dazu noch einmal austauschen, oder haben Sie das Projekt aufgegeben?«

Wann auch immer Sie diese Methode anwenden – seien Sie sich darüber klar: Wer eine Vertagung anfragt oder eine Verhandlung mit offenem Ende abbricht, kreiert unter Umständen Erwartungen beim Verhandlungspartner. Erwartungen an veränderte Forderungen und Angebote zum Beispiel. Wenn Sie dann mit unveränderten Positionen an den Verhandlungstisch zurückkehren, können diese enttäuschten Erwartungen Spannungen erzeugen, die Ihnen den Weg zur Einigung zusätzlich erschweren.

Wann Druck ausüben sinnvoll ist – und wann nicht?

Was machen Sie, wenn Ihre Verhandlungspartner aussteigen wollen, Sie aber weiterverhandeln möchten? Zum Beispiel, weil Sie sich die hochkochenden Emotionen Ihres Gegenübers mit Ihrem kühlen Kopf zu Nutze machen könnten? Ist das ratsam?

Dafür zwei Antworten für zwei unterschiedliche Zielsetzungen (ich greife damit schon mal den ethischen Fragen in Kapitel 28 vor):

Geht es um ein schnelles, einmaliges Geschäft, bei dem Sie wenig Rücksicht auf Beziehungen nehmen müssen? Zum Beispiel, wenn Sie als Einkäuferin für Ihre Firma mit einem Lieferanten nur diesen einen Auftrag abschließen möchten. Dann treiben Sie den Preis hoch, den Ihr Gegenüber für den Verhandlungsabbruch zahlen müsste:»Tja, Herr Lehmann, wir hatten gehofft, dass wir uns heute einig werden. Wir können uns unsererseits ja nochmal nach Alternativen umschauen und würden uns dann gegebenenfalls wieder bei Ihnen melden ...« (Eine Warnung Ihrerseits in Richtung Ihres Verhandlungspartners, was passieren könnte, wenn er das Gespräch abbricht.) Gestatten Sie in solchen Fällen nur eine sehr kurze Pause oder drängen Sie gleich auf Fortsetzung.»Sie haben ja selbst gesagt, Herr Lehmann, dass wir uns im Prinzip einig sind. Lassen Sie uns also jetzt schnell die Kuh vom Eis kriegen ...«

Aber Achtung! Fragen Sie sich, bevor Sie beharrlich weiter verhandeln, bitte kritisch, warum Sie das tun: Ist es dem Verhandlungsgegenstand wirklich dienlich, wenn Sie jetzt Druck machen und Ihre strategische Überlegenheit ausnützen? Oder ist Ihre unterschwellige Motivation vor allem die, sich überlegen fühlen zu wollen, Recht haben zu wollen? Dieses Motiv spielt nach meiner Erfahrung häufiger eine Rolle, als wir es vor uns selbst zugeben mögen.

Sind Sie stattdessen in einer Situation, in der Ihnen die Beziehung zum Verhandlungspartner mindestens ebenso wichtig ist wie der Sachverhalt (wie im Beispiel mit Dozentin Karin, weil diese renommierte Dozentin großartige Arbeit macht und Sie als Koordinatorin ein Interesse hätten, Karin an Ihr Institut zu binden), dann begrüßen Sie den Ausstieg doch einfach als Chance, dass Sie *beide* nächste Woche mit klarem Kopf weiterreden. Nach meiner Erfahrung kreieren Sie mit klarem Kopf weit bessere Ergebnisse, nämlich solche, die *beide* zufriedenstellen. Und das wollen Sie doch, wenn Sie mit der Verhandlungspartnerin häufiger zu tun haben, oder?

22. Wenn Ihre Emotionen mitreden wollen

Was heißt hier *wenn*? Ihre Emotionen wollen eigentlich immer mitreden. Was daran liegt, dass die Gehirnareale in Netzwerken eng zusammenarbeiten. Das für Emotionen zuständige limbische System sendet dem Denkhirn durch Botenstoffe ständig Nachrichten wie:»Das fühlt sich gut an, hör da mal hin«, oder:»Was für ein gemeiner Kerl, dem zeige ich jetzt mal, wo der Hammer hängt«. Solange beim Verhandeln der sprachlich-rationale präfrontale Cortex die Oberhand hat, ist alles gut. Problematisch wird es, wenn Ihre Gefühle das Verhalten bestimmen und Sie – wider jegliche Vernunft – vom Agieren ins Reagieren abrutschen.[49]

Wohin das führen kann, haben Sie bei Marty in Kapitel 4 gesehen. Das wollen Sie nicht. Sie wollen sich und Ihre impulsiven Reaktionen im Griff haben.

Deshalb widmen wir uns in diesem Kapitel nochmal explizit der Frage: Wie gehen wir mit starken Emotionen um, wenn sie uns in der Verhandlung übermannen? Emotionen wie Angst, Ärger und Wut oder lähmende Enttäuschungen?

Angst spielt manchmal im Vorfeld eine Rolle, wenn wir nicht wissen, was uns erwartet: Angst vor der (vermuteten) Macht unseres Verhandlungspartners oder seinem Vorgehen. Solche Ängste können Sie dazu verleiten, schwache oder zaghafte Forderungen vorzubringen und in der Verhandlung (zu) schnell darauf zu reagieren, was Ihr Gegenüber sagt und tut – einfach, weil Sie schnell zu einem Abschluss kommen möchten. Eine hohe Geschwindigkeit ist aber selten ein Vorteil. Zügeln Sie also bewusst Ihre Reaktionen, wenn Sie merken, dass Sie ängstlich sind.

Wut und Ärger sind häufig das Resultat von Enttäuschungen. Darüber, dass entgegengebrachtes Vertrauen enttäuscht wird oder dass

Sie sich über Ihre eigenen mitgebrachten Annahmen ärgern, die sich im Laufe der Verhandlung als unzutreffend herausstellen. Mit Wut und Ärger schaden Sie sich selbst – in mehrfacher Hinsicht. Wut und Ärger verzerren Ihre Wahrnehmung; angefüllt mit negativen Emotionen nehmen Sie keine Details mehr wahr.[50] Wut und Ärger steuern die Verhandlung weg von kooperativem Verhalten hin zu einem aggressiven. Sehr wahrscheinlich weichen Sie dabei von Ihrer Strategie ab, und Sie schaden der langfristigen Beziehung zu Ihrem Verhandlungspartner. Denn Hand aufs Herz: Wie würden denn *Sie* auf einen wütenden Verhandlungspartner reagieren? Sind Sie bei einem unbeherrschten Verhandlungspartner, der schlechte Stimmung verbreitet, nicht eher bereit, Angebote auszuschlagen und die Verhandlung abzubrechen?

Oder aber Sie reagieren eingeschüchtert und geben klein bei, um der Situation schnellstmöglich zu entfliehen. Wie auch immer: Negative Gefühle wie Wut, Ärger oder Enttäuschung erzeugen kein Vertrauen.

Enttäuschung äußert sich oft eher als ein lähmendes Gefühl. Enttäuschung lässt sich in den Griff kriegen, wenn Sie es ruhig und offen aussprechen: »Ich bin enttäuscht von diesem Angebot, das so gar nicht berücksichtigt, was wir im Vorfeld angesprochen hatten/was in anderen Unternehmen schon Standard ist.« Und dann machen Sie eine Sprechpause. Dieses direkte Aussprechen kann besonders bei beziehungsorientierten Verhandlungspartnern Wirkung erzielen. Sie spiegeln damit Ihre Gefühle in einer Weise, die den anderen zum Überdenken seiner Handlungen und Möglichkeiten einlädt. Wenn Ihrem Gegenüber etwas an Ihnen liegt, kann er Handlungen einleiten, um Ihre enttäuschten Gefühle zu verändern.

Auch Statusorientierte können Sie beeinflussen, wenn Sie enttäuscht deren Machtpotential und Einfluss anzweifeln: »Ich bin enttäuscht von unserem bisherigen Ergebnis. Ich hatte angenommen, ein Mann/eine Frau in Ihrer Position kann Entscheidungen treffen, wie mit den angefallenen Problemen umgegangen werden kann.«

Solange Sie ruhig bleiben und Ihre Emotionen in kontrollierten Worten zum Ausdruck bringen, ist alles gut. Doch wenn Sie emotional werden, müssen Sie sich vor allem vor sich selbst in Sicherheit bringen. Es hat keinen Sinn, von sich zu fordern, »vernünftig zu sein«, wenn Sie es biologisch nicht können, weil Ihr Denkhirn durch eine Cortisol-schwemme blockiert wird.

Vier Möglichkeiten, mit Emotionen umzugehen

Es gibt mehrere Möglichkeiten, wie Sie mit starken Emotionen umgehen können:

Erstens, in dem Sie die Verhandlung unterbrechen (»Lassen Sie uns eine kurze Pause machen.«) oder sie abbrechen (»Das Ganze braucht jetzt wohl doch mehr Zeit – lassen Sie uns einen ausführlicheren Gesprächstermin anberaumen.«). Dann bringen Sie Ihren Stoffwechsel durch Bewegung wieder in die Balance, sprich, Sie bauen das stresserzeugende Cortisol ab. Einmal um den Block joggen oder in einer stillen Ecke laut schreien hilft schon.

Zweitens, in dem Sie Ihre Emotionen bewusst wahrnehmen – und nicht impulsiv darauf reagieren. Langjährig Meditierende können das. Der ungeübte Rest der Menschheit weniger. Allerdings können Sie diese Fähigkeit erlernen und trainieren![51]

Drittens, indem Sie eine Person als »Emotionswächterin« mit in die Verhandlung nehmen. Ich meine damit eine Person, die Ihnen als Anker dient, wenn es in Ihnen oder um Sie herum hoch hergeht. Diese Person hat zudem die Aufgabe, aktiv auf Sie aufzupassen, wenn Sie von Ihrer Strategie abweichen und emotional reagieren.

Natürlich brauchen Sie für die Anwesenheit einer solchen Person eine Erklärung. Sie können ja schlecht zu Ihren Verhandlungspartnern sagen: »Gestatten, dies ist mein Emotionswächter.« Also nehmen Sie Ihren Assistenten mit, eine Expertin, einen Protokollanten oder den Buchhalter, wie Clara in Kapitel 25 – wen auch immer Sie in der Verhandlungsrunde glaubwürdig platzieren können. Wenn Sie wissen, dass Sie einer ganzen Gruppe von Gesprächspartnern gegenübersitzen werden, die mit Provokationen nicht sparen werden, dann kann Ihnen solch ein

Emotionswächter fühlbar Halt geben. Sehen Sie in dieser Person einen Ankerpunkt, auf den Sie eine Zeit lang Ihre Konzentration lenken können, um emotional runterzukommen. Wenn Ihr Emotionswächter merkt, dass Sie sich gegen die abgesprochene Strategie verhalten, gibt er ein unauffälliges Handzeichen oder einen verabredeten Schlüsselsatz, der die Unterbrechung der Verhandlung einleitet: »Könnten wir vielleicht mal fünf Minuten ein bisschen Sauerstoff rein lassen?« oder (in Bürogebäuden, in denen man nicht mal mehr die Fenster öffnen kann): »Ich denke, eine kurze Pause würde uns jetzt gut tun.«

Und viertens, indem Sie Ihre Emotionen etikettieren. Unerwünschte Emotionen werden Sie nicht los, indem Sie versuchen, sie zu unterdrücken. Dabei verbrauchen Sie nur Ihre ganze Energie, statt sich auf den Verhandlungsprozess zu konzentrieren.

Gefühlen die Wucht nehmen

Was stattdessen hilft, ist, die im Innern rumorenden Gefühle zu erkennen und zunächst still für sich zu benennen. Holen Sie Angst, Ärger, Wut oder Enttäuschung aus dem Sumpf Ihres sprachlich unbegabten limbischen Hirnareals heraus, und erlauben Sie Ihrem analytischen Hirn, ein Sprachetikett an die Emotion zu heften, zum Beispiel: »In mir steigt jetzt Wut hoch.« Dann können Sie für sich ausdrücken, was gerade mit Ihnen passiert. Das nimmt dem Gefühl die Wucht, die es entfaltet, solange es nur empfunden werden kann, weil es noch nicht sprachlich erkannt und damit fassbar ist.

Wenn Ihr Gefühl ein Sprachetikett hat, können Sie rational damit umgehen und im nächsten Schritt zu einer Neubetrachtung kommen. Neubetrachtungen – auch bekannt als Reframing – haben eine große Kraft. Reframing ist ein Begriff aus dem Neurolinguistischen Programmieren (NLP), der beschreibt, wie wir Situationen oder Sachverhalte neu bewerten, wenn wir sie aus einer neuen, veränderten Perspektive anschauen. Damit schaffen wir oft auch neue, veränderte Gefühle.

Wie oft reagieren wir automatisch, ohne uns zu fragen, wie die Situation noch gesehen werden könnte?

Wenn die Chefin Ihren Assistenten nicht mit ins Meeting nimmt, bedeutet das zwangsläufig, dass sie ihn nicht schätzt? Oder kann es – anders betrachtet – bedeuten, dass sie nur ihm zutraut, während ihrer Abwesenheit das Tagesgeschäft zu managen? Eines der berührendsten Beispiele für eine ad hoc veränderte Gefühlslage durch Reframing beschrieb Stephen R. Covey in seinem Buch *Die sieben Wege zur Effektivität*.[52] Eine Neubewertung der Dinge können Sie in schwierigen Situationen auch dadurch erreichen, dass Sie sich selbst vor eine Wahl stellen. Nachdem Sie Ihren Ärger, Ihre Wut oder welche Emotion auch immer benannt haben, lassen Sie diese einfach links liegen – wie ein wieder entdecktes Buch im Bücherschrank, für das Sie gerade keine Zeit haben. Dann sagen Sie zu sich:»Ich kann jederzeit aufstehen und gehen. Aber wenn ich mich entscheide zu bleiben, kann ich meine Verhandlungsfähigkeit trainieren, weil ich gerade auch an diesem Verhandlungspartner einige interessante Vorgehensweisen beobachten kann.« Indem Sie sich die Wahl lassen, befriedigen Sie Ihr Autonomiebedürfnis und stärken infolgedessen Ihr Selbstbewusstsein.

Provokationen begegnen

Bisher haben wir ausschließlich über negative Emotionen gesprochen, die von drängenden Verhandlungstypen häufig absichtlich provoziert werden:»Diese Übersicht scheint mir doch sehr unvollständig, Frau Schmitz. Ich verstehe nicht, was Sie eigentlich den ganzen Tag in Ihrem Büro machen. Eine geordnete Budgetübersicht jedenfalls sieht anders aus.« Je nachdem, wie Sie drauf sind, und ob es sich hier um eine Kollegin oder Vorgesetzte handelt, wären folgende Antworten denkbar: Ein fester Blick in die Augen des Gegenübers mit einem trockenen»Tja, es fühlt sich nicht gut an, wenn man wenig von der Arbeit der anderen versteht, nicht wahr?« Das wäre eine provokative Erwiderung auf der Move-Talk-Ebene (mehr dazu in Kapitel 26). Oder aber Sie sprechen freundlich-bestimmt eine Einladung aus:»Kommen Sie gern bei mir im Büro vorbei, Frau Dr. Söder. Dann erhalten Sie einen Einblick in meine Arbeit und die Bedingungen, unter denen ich sie leiste. Das würde sicherlich zu Ihrem Verständnis für meine Tätigkeit beitragen.«

Komplimenten nicht auf den Leim gehen

Allerdings können uns positive Gefühle genauso im Weg stehen. Manche Manipulationsversuche laufen nämlich über Komplimente:»Sehr beeindruckend, Frau Müller, wie Sie das Meeting gestern moderiert haben. Wirklich! Ich würde Ihrem Moderations- und Organisationstalent gern auch in Zukunft die Organisation und Durchführung der Projektgruppentreffen anvertrauen. Ach, noch eine Bitte: Könnten Sie mir das Protokoll von gestern bis heute Mittag mailen?«

Solche Manipulationen funktionieren, solange *Sie* sie zulassen. Der erste Schritt ist, sie zu durchschauen. Dazu brauchen Sie zunächst eine gute Portion Selbsterkenntnis. Beobachten Sie genau, wann Sie sich von Komplimenten angenehm berührt fühlen – und erkennen Sie Forderungen, die nachgeschoben werden, sobald man Sie auf diese angenehme Weise»aufgeschlossen« hat.

Das Funktionsprinzip ist das gleiche wie bei Manipulationen durch Provokationen. In beiden Fällen versucht der Verhandlungspartner, die Angesprochenen aus dem inneren Gleichgewicht zu bringen, sie zu destabilisieren. Damit sie nicht rational agieren, sondern unüberlegt und impulsiv – und geübten Verhandlern damit in die Hände spielen.

Eine angemessene Antwort darauf ist Schweigen. Schweigen verschafft Ihnen einen Freiraum, indem Sie erst einmal nicht (re-)agieren müssen. Ich kenne keinen Verhandlungsraum, in dem an der Wand geschrieben steht:»Hier müssen Sie jede Frage beantworten, die Ihnen gestellt wird« – auch wenn viele von uns das in der Schule so gelernt haben. Ein Schweigen ist in vielen Fällen die bessere Antwort: Erstens reden Sie sich nicht um Kopf und Kragen, und zweitens legen Sie sich nicht fest. Einzelne Wörter wie»interessant« oder»schwierig« oder schlicht ein nachdenkliches»Hmm« bei freundlich-neutraler Miene, die Aufmerksamkeit signalisiert, können sehr wirksam sein. Auch weil Sie sich damit Zeit kaufen. Lassen Sie stattdessen Ihr Gegenüber reden.

23. Wie Sie mit den Emotionen der anderen Seite umgehen können

Ich stand schon eine ganze Weile mit meinem Fahrrad an der roten Autofahrerampel. Die Ampel beim kreuzenden Fußgängerüberweg war schon längere Zeit ebenfalls rot. Also beschloss ich – rot hin oder her –, endlich loszufahren, und stieg kräftig in die Pedale. Da schoss knapp vor meiner Nase von rechts ein anderer Radfahrer über den Fußgängerüberweg, nötigte mich zu einem scharfen Bremsmanöver und erntete dafür von mir ein »Blödmann, pass doch auf, du hast rot!« Das löste bei ihm eine Schimpftirade aus, die sich noch steigerte, während wir auf beiden Seiten der Straße in die gleiche Richtung radelten. Die Worte, die wir uns über die Straße hinweg zuriefen, zeigten an, dass unsere Denkhirne ausgeschaltet waren und unsere limbischen Gehirnareale die Keulen rausgeholt hatten. Plötzlich wechselte er die Straßenseite und fuhr direkt auf mich zu. Angesichts der Gefahr einer weiteren Eskalation erinnerte ich mich daran, dass es spätestens jetzt besser wäre, den Konflikt in eine zivilisierte Form der Auseinandersetzung umzuwandeln – schon um körperliche Schäden zu vermeiden.

Als er vor mir stand, sah ich ihn also aufmerksam an, sagte nichts mehr und hörte ihm zu. Aufgebracht klärte er mich darüber auf, dass die Ampel für ihn als Radfahrer sehr wohl noch grün gewesen sei, weil Radfahrer bei dieser Ampel nämlich immer länger grün hätten als die Fußgänger. Und dass er sich folglich sehr wohl verkehrsgerecht verhalten hätte, ganz im Gegensatz zu mir, die ihn durch ihr ordnungswidriges Verhalten fast überfahren hätte. Mit anderen Worten: Jawohl, das Recht war auf seiner Seite!

Damit war der Sachverhalt klar. Ich hatte ihn zu Unrecht beschimpft. Als er seine Emotionen losgeworden war und Luft holte, sagte ich unumwunden: »Ich verstehe Ihre Wut. Es tut mir wirklich leid. Sie haben

Recht, und ich entschuldige mich hiermit vielmals bei Ihnen.« Sein Schimpfen hörte fast augenblicklich auf. »Was ich dennoch nicht verdient habe«, fügte ich hinzu, »sind die ausfallenden Beschimpfungen dafür von Ihrer Seite.« Wie glauben Sie, ging es weiter? Weil ich seine Position anerkannt hatte, entschuldigte auch er sich für seine harschen Worte. Am Ende gaben wir uns beide die Hand und wünschten uns noch einen entspannten Tag. Worum es hierbei ging? Um Genugtuung und ums Rechthaben.

Es lohnt sich, in kleinen Alltagsverhandlungen zu üben, wie man Verhandlungen deeskalierend abschließt. Ein wichtiger Bestandteil dabei ist, dass sich Ihr Verhandlungspartner gehört und verstanden fühlt. In diesem Fall hatte ich meinem Gegenüber einfach nur bestätigt, dass er im Recht war, hatte die Schuld auf mich genommen, und dafür im Gegenzug die Anerkennung seines Anteils am Konflikt erhalten. Das funktioniert nicht immer so zuverlässig wie an diesem Tag mit diesem Verhandlungspartner. Doch Sie können einiges dafür tun, dass auftretende und auch unterschwellige Emotionen die Atmosphäre Ihres Verhandlungsgespräches nicht belasten.

Im vorigen Kapitel ging es um Ihre eigenen Gefühle. Jetzt werfen wir einen Blick darauf, wie Sie geschickt mit den Emotionen Ihres Gegenübers umgehen. Wenn Sie die Gefühle Ihres Verhandlungspartners nicht mehr als Hindernis betrachten, sondern als Verhandlungsinstrument, dann haben Sie es leichter, Verhandlungen zu steuern.

Wenden wir uns zunächst den offen zutage tretenden Emotionen zu. Die können Sie auch direkt adressieren: »Ich habe den Eindruck, die Stimmung verschärft sich gerade. Was können wir tun, um das zu ändern?« Wenn sich der Verhandlungsraum mit unangenehmer Spannung füllt, hilft das niemandem dabei, klare Gedanken zu fassen. Ergreifen Sie also ruhig die Initiative. »*Der Tonfall unserer Besprechung hilft gerade wenig. Wenn Sie sachlich weitersprechen möchten, lassen Sie uns doch nach fünf Minuten Pause wieder hier treffen.*«

Sie haben schon im vorigen Kapitel gesehen: Wenn Sie ein Etikett an die Emotion heften, wenn Sie sie aussprechen, nehmen Sie ihr die Wucht. Durch die Etikettierung schaffen Sie die Transformation von *fühlen* zu *erkennen*. Was benannt wird, steht sichtbar im Raum, Sie und Ihr Verhandlungspartner können miteinander darüber sprechen.

Genau diese Transformation macht das Verhandeln zu einer erfolgversprechenden, schadensbegrenzenden Konfliktform – im Gegensatz zu anderen Formen der Auseinandersetzung.

Unterschwellige Gefühle ans Tageslicht bringen

Widmen wir uns nun den unterschwelligen Gefühlen, Befürchtungen und Ängsten, die mitschwingen, aber noch nicht offen zutage getreten sind. Versuchen Sie, diese ebenfalls zu benennen. Das kann so klingen:

»Es scheint, dass Sie befürchten, bei diesem Auftrag schlecht wegzukommen«, sagt die Architektin zum Leiter der Baufirma, als sie ihre Liste der mangelhaft ausgeführten Arbeiten besprechen. »Was Sie sagen, klingt, als würden Sie sich Sorgen machen, dass die aufgelisteten Reklamationen Ihnen finanzielle Verluste zufügen. Und da Sie ja zugleich auch als Gutachter tätig sind, sieht es so aus, als ob Sie einen Imageschaden Ihrer Firma befürchten. Es scheint, als ob Sie aus diesem Grund die Mängel nicht anerkennen wollen.«

Was erreicht die Architektin mit ihren Worten? Sie nutzt ihre Empathiefähigkeit, sich in den anderen hineinzuversetzen und dessen Sichtweise nachzuempfinden, und sie spiegelt ihrem Verhandlungspartner seine bislang noch unausgesprochenen Gefühle.

Was ist der Vorteil dabei? Die Befürchtungen des Leiters der Baufirma liegen jetzt vorsichtig neutral formuliert offen auf dem Tisch. Die Architektin hat die verborgene Gefühlswelt ihres Verhandlungspartners ans Licht geholt und eine Vertraulichkeit geschaffen. Das Aussprechen der Befürchtungen löst die Macht dieser Gefühle auf. Dem Unausgesprochenen wurde eine sprachliche Form gegeben, und mit der Benennung können jetzt beide umgehen.

Die Architektin hat aber noch etwas getan: Sie hat ihrem Gegenüber die Chance gegeben, diese Gefühle anzunehmen. Er wird gesprächsfähig. Sie hat die Gefühle und Befürchtungen ihres Gegenübers nicht nur ausgedrückt, sie hat sie damit auch als existent anerkannt. Das kann Verhandlungsgesprächen die unterschwelligen Spannungen nehmen.

Nachdem die möglichen Gefühle ausgesprochen wurden, ist Schweigen angesagt. Die Architektin überlässt es jetzt ihrem Verhandlungspartner, den entstehenden Raum zu füllen und auf die Enthüllung zu reagieren. Und das tut er (garantiert).

»Ja, natürlich würde uns das finanzielle Einbußen bringen! Ich habe ohnehin gerade Personalknappheit und einiges an anderen Aufträgen, wie Sie sich vorstellen können. Ihre Reklamationen zu erledigen, hat für mich deshalb wirklich keine Priorität.«

Aha, ein Grund, die Reklamationen abzulehnen, hat also mit Personalmangel und dem Druck der sofortigen Beseitigung zu tun. Nicht mit einer grundsätzlichen Ablehnung. Jetzt kann die Architektin die Anerkennung der Reklamationen in die Richtung verhandeln, wer was zu welchem Zeitpunkt macht.

Neutrale Formulierungen wählen

Beim Etikettieren der Gefühle Ihres Gegenübers ist die sprachliche Formulierung von entscheidender Bedeutung! Achten Sie sehr genau auf Ihre Wortwahl. Sprechen Sie nicht von sich und nicht von *Ihrem* Eindruck. Also nicht – wie in der gewaltfreien Kommunikation – »*Ich* habe den Eindruck, dass Sie …/*Ich* sehe, dass Sie …«, sondern neutral formuliert: »*Es* scheint…/*Es* klingt, als ob …/*Es* sieht so aus, als ob …« Denn es geht hier nicht um Sie, sondern um den anderen. Und das muss auch sprachlich klar signalisiert werden.

Zudem ist es gut, die Gefühle Ihres Gesprächspartners eher vage zu benennen. »Es scheint, dass Sie besorgt sind…/dass Sie befürchten…« reicht völlig. Beschreiben Sie ruhig detailliert die stresserzeugende Situation (»schlecht dastehen«) und die Auswirkungen (»finanzielle Verluste/Imageschaden«), die dem anderen Sorgen machen. Vermeiden Sie aber konkrete Gefühlszuschreibungen wie: »Es scheint, Sie haben Angst/… Sie sind enttäuscht/… Sie sind ärgerlich«. Das geht zu sehr in psychologische Tiefen. Und das kann sich kontraproduktiv auswirken, wenn Ihr Gegenüber sich unzutreffend beschrieben fühlt und anfängt zu widersprechen. Wer möchte schon gern seine eigenen Sorgen und Ängste detailliert vom Verhandlungspartner beschrieben sehen?

Sie brauchen also allerhand Empathie und Fingerspitzengefühl, um die Sorgen Ihres Verhandlungspartners ans Licht zu bringen und verhandlungsfähig zu machen. Trainieren Sie doch hin und wieder still für sich im nächsten Meeting: Hören Sie genau hin, was die Beteiligten sagen, und formulieren Sie im Geiste die mitschwingenden Motivationen und Gefühle: »Es scheint, dass Kollege Franz besorgt ist, den Projektabschluss nicht pünktlich hinzukriegen.« »Ich habe den Eindruck, Frau Winter befürchtet einen Umsatzeinbruch.« Training macht die Meisterin, und zum Ausbau Ihrer Verhandlungskompetenz lesen Sie ja zudem dieses Buch.

24. Wann Krisen weiterhelfen

Mark McCormack machte als einer der ersten Sportagenten Ende der 1960er-Jahre ein Vermögen im Sportmarketing. »Ärger kann ein wirksames Verhandlungstool sein«, lautete seine Devise, »aber nur als kalkulierte Aktion, niemals als Reaktion.«

Immer wieder betone ich, dass Sie sich bloß nicht von Ihren Emotionen leiten lassen sollen, und jetzt zitiere ich jemanden, der Ärger als kalkulierte Aktion nahelegt? Ja, Emotionen, die kontrolliert eingesetzt werden, sind manchmal höchst nützlich, wenn Sie anders nicht weiterkommen. Allerdings eignet sich dieses taktische Mittel wirklich nur für fortgeschrittene, gut trainierte Verhandlerinnen. Denn ausagierte Emotionen wirken nur, wenn sie einerseits echt sind, andererseits aber unter Kontrolle bleiben.

Wenn Gefühle kontrolliert ausgespielt werden, können versierte Verhandlerinnen damit eine Krise erzeugen. Krisen helfen in Situationen, in denen Ihr Gegenüber sich nicht bewegen will, wenn Sie das Gefühl haben, im Verhandlungsprozess nicht weiterzukommen. Krisen dienen dazu, den Preis für den Stillstand in die Höhe zu treiben. Dieser Preis muss nicht monetär sein, er kann mental oder emotional sein, kann im Bereich der sozialen Bedürfnisse liegen, wie befürchteter Imageverlust oder eine beschädigte Beziehung zum Beispiel. Krisen wirken, weil viele sie nicht aushalten. Bei Verhandlungen können Krisen ein taktisches Element sein.

So wie bei Corinnas Verhandlung, als es darum ging, die öffentlichen Aufführungen eines Konzertprojektes zu retten, in das verschiedene Hochschulen und zahlreiche externe Kooperationspartner Zeit, Geld und Hoffnungen investiert hatten. Corinna vertrat eine der Institutionen, die mit Fördergeldern dieses Projekt unterstützten.

Corinna hatte einen Hilferuf erhalten. Eine Woche vor dem ersten Konzert rief sie der Projektleiter aus der Hochschule aufgelöst an: Das Orchester wolle nicht mehr spielen. Der Orchestermanager, ein Student namens Brodermann, hatte mitgeteilt, die Kompositionen entsprächen nicht dem Niveau der Musiker. Sogar in den sozialen Medien hatte sich das – ebenfalls aus Studierenden bestehende – Orchester von den Kompositionen ihrer Mitstudierenden distanziert. So kurz vor Weihnachten, klagte der Projektleiter, würden sie kein Ersatzorchester finden, geschweige denn, dass noch Zeit bliebe für Proben! Es wurde also eine Krisensitzung mit den Projektleitern, einer Vertreterin des Veranstaltungsortes, Orchestermanager Brodermann und Corinna als Vertreterin der Sponsoren einberufen.

Brodermann war ein junger, sehr von sich überzeugter Musikstudent mit hohen Ambitionen. Sein kompositorisches Streben richtete sich gen Hollywood, opulente Filmmusiken nach Art des Oscarpreisträgers Hans Zimmer waren sein Vorbild. In diesem Sinne hatte der junge Mann bereits genaue Vorstellungen davon, was er für gut befand und was nicht. Brodermann hatte in diesem Projekt die Rolle des Orchestermanagers übernommen. Das hieß, er war dafür zuständig, die Proben und die Auftritte des Orchesters zu koordinieren. Kurz vor knapp lagen endlich die Kompositionen der Mitstudierenden vor, und nun hätte das Orchesters beginnen können zu proben. Doch leider waren die Musikstücke nicht nach Brodermanns Geschmack.

Im Laufe des Verhandlungsprozesses wurde Corinna das grundlegende Problem klar: Vor ihr saß ein junger Kerl, der eine gewisse Blasiertheit ausstrahlte, weil er schlicht das Interesse an dem Projekt verloren hatte. Die Kompositionen lagen einfach nicht in dem Bereich, in dem er sich engagieren wollte.

Während sich die Projektleiter mit Angeboten für veränderte Probenzeiten und Gagen abstrampelten, war Brodermann durch kein Entgegenkommen davon zu überzeugen, »sein« Orchester auftreten zu lassen. Corinnas sah ihre Aufgabe also darin, diesen unwilligen Mann wieder in Bewegung zu bringen. Und dazu nutzte sie den in sich aufsteigenden Ärger.

Ihre Strategie sah so aus: Zunächst führte sie ihm ihre Machtposition als Sponsorin vor Augen.

»Herr Brodermann, wenn ihr Orchester jetzt ausfällt, müssen wir kurzfristig ein anderes engagieren. Das kostet Geld; und kurzfristig vor Weihnachten überproportional viel Geld. Können Sie sich vorstellen, was für einen Eindruck es bei Ihrer Hochschule hinterlässt, wenn einer ihrer Studenten bei einem Projekt solch ein Riesenloch ins Budget reißt? Ich werde sehen, dass ich diese zusätzlichen Kosten von dem anderen Projekt abziehe, das wir Ihrer Hochschule gerade bewilligt haben. Das zieht das neue Projekt dann leider in Mitleidenschaft, aber was sollen wir machen?«

Dieser Satz enthielt zugleich die Warnung an Brodermann, sich der Tragweite seines Tuns bewusst zu werden – inklusive dem drohenden persönlichen Imageschaden als Student, der Verluste erzeugt.

Dann wollte Corinna ihn dazu bringen, sich vor allen Anwesenden deutlich zur übernommenen Rolle und der damit verbunden Verantwortung zu bekennen.

»Herr Brodermann«, fragte Corinna, »welche Rolle haben Sie in diesem Projekt übernommen?«

»Orchestermanager«, lautete seine Antwort.

Mit diesem Bekenntnis setzte Corinna ihn im dritten Schritt unter Druck.

»Genau, Herr Brodermann. So sehe ich das auch. Danke für die Bestätigung. Ist mein Eindruck richtig, dass Sie sich bislang bemüht haben, die Rolle bestmöglich zu erfüllen?«

Seine Antwort lautete (natürlich): »Ja, natürlich.«

»Schön«, bestätigte Corinna einmal mehr die gemeinsame Auffassung, »so habe ich es bisher auch gesehen. Dann sind wir uns darin einig. Ein Orchestermanager hat die Aufgabe, Lösungen zu präsentieren, keine Probleme.«

Bis hierhin hatte Corinna recht ruhig gesprochen. Die nächsten Worte fielen laut und heftig.

»Und deshalb erwarte ich von Ihnen ab sofort keine Aussagen mehr dazu, was nicht geht, sondern Aussagen dazu, was geht. Denn das genau leisten Manager.«

Untermalt von einem Faustschlag auf den Tisch, brüllte sie ärgerlich: »Ich gehe jetzt raus. In drei Minuten bin ich wieder hier, und dann haben Sie, Orchestermanager Brodermann, eine Lösung dafür, wie Sie die Aufführung möglich machen!«

Sprach's, ging schnellen Schrittes zur Tür und schmetterte sie hinter sich zu. Corinna wartete einige Minuten, bevor sie wieder ruhig und gefasst hereinkam. Tatsächlich hatte Brodermann mit den anderen Sitzungsteilnehmern eine Lösung erarbeitet.

Mit dem kontrollierten Wutausbruch hatte Corinna ihrer Forderung einen emotionalen Nachdruck verliehen, ohne den der selbstgefällige junge Mann sich wohl kaum hätte erschüttern lassen. Zudem hatte sie Zeitdruck aufgebaut. Die drei Minuten Bedenkzeit, die sie Brodermann auferlegte, setzten ihn so unter Druck, dass ihm keine Zeit zum Verarbeiten der emotionalen Erschütterung blieb, sondern nur Zeit auf die Forderung zu reagieren: eine Lösung zu finden.

Ist Ihnen aufgefallen, dass Corinna mit ihrem Emotionsausbruch den Verhandlungspartner Brodermann nicht persönlich angegriffen hatte? Dies ist immens wichtig, wenn Sie Krisen erzeugen: Greifen Sie Ihren Partner nie persönlich an; unterminieren Sie nicht seine Standards. Fordern Sie nur kraftvoll ein, für diese Standards, Prinzipien und Verantwortlichkeiten auch einzustehen. Oder nutzen Sie einen negativen oder positiven Hebel (Kapitel 8), um ihn in Bewegung zu setzen.

Auch Körpersprache – umfassender *Move Talk* genannt – spielte in dieser Verhandlung eine Rolle. Wie Sie diesen wirkmächtigen Kommunikationskanal nutzen, lesen Sie in Kapitel 26. Körpersprachliche Signale, Mimik und Gestik können Sie häufig da einsetzen, wo mit Worten nichts mehr geht – und wo Status- und Machtfragen eine große Rolle spielen.

25. Wie Sie im Team verhandeln

Clara wusste, dass ihr eine schwierige Verhandlung bevorstand. Schon häufiger hatte ihr Chef versucht, mit ihr auf dem kleinen Dienstweg Dinge einzutüten, über die eigentlich das Kuratorium der Stiftung zu entscheiden hatte. Doch da Claras Chef beschlossen hatte, sich als Anführer des Kuratoriums zu definieren, und er sich zudem in einem autoritären Ich-mache-die-Ansagen-Stil gefiel, hatte Clara Mühe, die Interessen der verschiedenen Parteien zu wahren, die sich unter dem Dach des Stiftungsprojektes zusammengeschlossen hatten, um jungen Menschen Schulstipendien zu ermöglichen. Clara war die Geschäftsführerin dieses Projektes.

Im Fall der anstehenden Verhandlung im kleinen Kreise würde Clara noch drei weiteren Personen aus der Chefetage gegenübersitzen, die treu auf Seiten des Chefs standen. Es sollte um Geld gehen. Genauer: um fehlendes Geld.

Das Projektbudget war in den Anfangsjahren von der Finanzabteilung der Stiftung geführt worden, solange Claras Projekt keine eigene Buchhaltung hatte. Und nun hatte sich ein Finanzloch aufgetan, dessen Ursachen unnachvollziehbar irgendwo in der Vergangenheit lagen – weder Clara noch der neue Finanzchef sahen die Schuld bei sich. Das Defizit war da, die Zahlen, die das Defizit bezifferten, waren auf beiden Seiten unterschiedlich. Was sollte man machen?

Schon die ersten Sätze des Chefs machten klar: In dieser Verhandlung würde es *ihm* nicht um sachgerechte Klärung einer Budgetdifferenz gehen, sondern um Schuldzuschiebung. Der Chef hatte offensichtlich beschlossen: Der Fehler für das Finanzloch sollte bei Clara liegen. Claras Ziel war: Offenlegung des Problems vor dem Kuratorium, um dann sachlich eine Lösung abzustimmen. Als geschulte Verhandlerin wusste sie, dass es selten Erfolg hat, Schuldfragen zu verhandeln. Weil solche Verhandlungen in die Vergangenheit weisen. Clara hingegen ging es darum herauszufinden, ob man zu übereinstimmenden Zahlen kommen könnte, und, falls nicht, wie man mit dem Finanzloch umgehen würde. Der Chef sparte nicht mit Provokationen zu Claras angeblich mangelnden Fachkompetenzen, und tatsächlich fühlte sie nach einer Weile, wie sie wütend wurde.

Doch sie war gut vorbereitet. Clara wusste, dass sie und ihr Chef zwei verschiedenen Welten angehörten: Sie war sach- und beziehungsorientiert; er gehörte zu den statusorientierten Menschen (mehr dazu in den Kapiteln 6 und 26). Insofern durchschaute sie sein drängend-aggressives Vorgehen im Hinblick auf sein Ziel: Er wollte die Finanzabteilung und auch sich vor weiteren Nachforschungen bewahren, die ergeben könnten, dass auf seiner Seite Fehler gemacht wurden – und er wollte das Kuratorium bei der Sitzung nächste Woche vor vollendete Tatsachen stellen.

Um den Verhandlungspartnern aus der Chefabteilung nicht allein gegenüber zu sitzen, war Clara der Empfehlung in Kapitel 22 gefolgt und hatte sich ihren Buchhalter als menschlichen Anker mitgenommen. Als Clara merkte, dass sie wütend wurde, fokussierte sie sich eine Weile auf ihren Emotionswächter, der ihr gegenübersaß. Im Stillen gab sie sich die Wahl:»Ich könnte abbrechen und gehen. Doch wenn ich bleibe und das hier durchfechte, werde ich stolz auf mich sein.« Eine um die Sache bemühte Klärung war Claras vorrangiges Bedürfnis. Sie war überzeugt, dass das Finanzloch nicht durch sie entstanden war, und wollte die Angelegenheit fair und offen vor das Kuratorium bringen und dieses entscheiden lassen – ganz so, wie es auch die Satzung der Stiftung vorsah.

Da kam ihr der leere Stuhl neben sich gerade recht.

Erst kürzlich hatte das Kuratorium in seinen Reihen den Kollegen Koch bestimmt, der offiziell die Finanzverantwortung übernommen hatte, aber weiterhin vertrauensvoll Clara die Geschäfte überließ und deshalb auch nicht mit am Tisch saß. Diese Hierarchie vor Augen, wies Clara mit einem bedauernden Blick auf den leeren Stuhl und sagte zu ihrem Chef:»Ich kann Ihr Anliegen verstehen. Doch leider habe ich nicht die Befugnis, mit Ihnen die Zahlen final abzustimmen. Wie Sie wissen, ist Kuratoriumsmitglied Koch dafür zuständig. Und da er nicht mit am Tisch sitzt, können wir miteinander dazu keine Entscheidung treffen. Der formal richtige Weg wäre, diese Frage mit ihm im Rahmen einer Kuratoriumssitzung zu erörtern.« Bingo.

Clara hatte ein Verhandlungsteam an ihrer Seite, von dem eines der Teammitglieder – Herr Koch – in der Verhandlung unsichtbar blieb …

Claras Entscheidung, sich den Buchhalter als Emotionswächter mitzunehmen (der nur wenige Worte sagte), war der erste Schritt hin zur Verhandlung im Team. Der zweite und für das Ergebnis ausschlaggebende war: den Entscheider außerhalb der Verhandlungsrunde auszumachen. Weil er nicht anwesend war, konnte der Deal in dieser Sitzung nicht im Sinne ihres Chefs gemacht werden.

Ein schlauer Zug von Clara, der auf einer FBI-Strategie beruht, die ich Ihnen in diesem Kapitel nahebringen möchte: Wenn Sie mit verteilten Rollen im Team verhandeln, entstressen Sie sich. Wie das genau funktioniert, erkläre ich Ihnen nach einem kleinen vorbereitenden Ausflug ins Gehirn.

Impulse wirksam bremsen

Sie wissen ja bereits: Das Bauchgefühl sitzt im Gehirn – im limbischen System. Von hier aus werden emotionale Impulse ins Denkhirn geschickt, weil das limbische System viel schneller die hereinkommenden Reize verarbeiten kann als das Denkhirn. Das limbische System gibt also den Impuls, etwas zu tun: »Schau da mal genau hin, das fühlt sich gut an!« Oder aus der Region der Amygdala: »Achtung, Bedrohliches!« Doch glücklicherweise sind wir unserem limbischen System nicht komplett ausgeliefert. Im Gegensatz zu instinktgesteuerten Tieren haben wir die Möglichkeit, auch »Nein« zu einem Impuls zu sagen und ihm *nicht* zu folgen. Denn die Evolution hat uns mit einem Bremssystem ausgestattet. Der VLPFC (ventrolateraler präfrontaler Cortex) sitzt hinter unseren Schläfen und agiert gewissermaßen als Vetoeinheit des Gehirns. Mit dem VLPFC bekommen wir automatische Reaktionen und impulshaftes Reagieren unter Kontrolle. Eine geniale Einrichtung, dieses Bremssystem – mit einem großen Nachteil: Es verbraucht viel Energie. Die Energieressourcen, die diese Hirnregion benötigt, verringern sich mit jeder Anwendung. Das heißt, der jeweils nächste Impuls ist zunehmend schwieriger zu stoppen.

Schokoladen- oder Chipsfans kennen das aus eigener Erfahrung: Haben wir die Tafel oder Tüte erstmal angebrochen, dann stoppen wir viel zu oft erst, wenn *nichts* mehr übrig ist. Hätten wir die VLPFC-Bremse gleich beim ersten Stück eingesetzt – »Nein, heute esse ich keine Schokolade.« –, dann hätten wir den Handlungsimpuls besser kontrollieren können.

Zu erkennen, dass Selbstkontrolle eine limitierte Ressource ist, hilft, mit ihr bewusst umzugehen. Die wirksamste Methode: Handlungsmuster, die Sie nicht wollen, müssen Sie gleich am Anfang unterbinden. Schrittweises Eingreifen kostet unnötig Energie.

In Bezug auf Ihre Emotionen während einer Verhandlung kann das bedeuten: Wenn Sie Ihren Impuls, aggressiv zu antworten, von Anfang an bremsen und sich stattdessen in die zuhörende, abwartende Haltung begeben, fällt es Ihnen deutlich leichter, die Beherrschung zu behalten. Wenn Sie sich dagegen zu einzelnen spitzen Bemerkungen verleiten lassen, ist Ihr Bremssystem schließlich so ausgelaugt, dass die Emotionen dann doch ungehindert das Steuer übernehmen. Am Ende könnten Sie Ihre Agenda aus den Augen verlieren.

Was wir in Verhandlungen leisten müssen, ist hirntechnischer Hochleistungssport: Wir müssen dem Hin und Her von rationalen Forderungen folgen und sie steuern, andererseits aber auch offenbleiben für Neubewertungen und Reinterpretationen der hereinströmenden Informationen. Konkret heißt das:

- Unser Gehirn muss routinemäßig voreingestelltes Denken und Fühlen unterbrechen (dabei kommt der VLPFC verstärkt zur Anwendung).
- Es müssen alternative Perspektiven kreiert werden.
- Diese gilt es in Erinnerung zu behalten,
- um schließlich zu entscheiden, welche davon angewendet werden sollen.[53]

Denkarbeit auf mehrere Gehirne verteilen

Verhandeln ist eine energiesaugende und ermüdende Angelegenheit! Wie toll wäre es, wenn diese Herausforderungen auf mehrere Stellen im Gehirn verteilt werden könnten und nicht eines alles allein leisten müsste?

Genau dafür hat das FBI ein Modell entwickelt.[54] Bei langwierigen, heiklen Verhandlungsprozessen, in denen viel auf dem Spiel steht – wie bei Geiselnahmen – kommt ein Team aus mehreren Personen zum Einsatz: Verhandler, Kommandeur und Entscheider.

Der Verhandler ist der direkte Ansprechpartner für die Verhandlungspartner. Der Verhandler übernimmt Schritt 1 und 2, indem er sich darauf konzentriert, die Situation vor Ort zu allererst zu entstressen, die Verhandlungspartner vom Entweder-oder-Denken wegzubringen und Lösungswege ausfindig zu machen.

Der Kommandeur übernimmt Schritt 3: Er steht dem Verhandler zur Seite und hat die Aufgabe, den Verhandlungsverlauf zu beobachten und den Überblick zu behalten. Der Kommandeur ist zudem der Emotionswächter des Verhandlers: Er pfeift den Verhandler zurück, wenn er merkt, dass dieser emotional wird oder von der Strategie abweicht. Der Kommandeur erstellt eine Zusammenfassung des Verhandlungsverlaufes und kommuniziert diesen an den Entscheider. Dieser steht – und das ist ganz wichtig für seine emotionale Neutralität – abseits vom Verhandlungsgeschehen. Der Entscheider übernimmt Schritt 4: nämlich die Entscheidung, welche Maßnahme anzuwenden ist.

Es ist leicht zu erkennen, wofür dieses Teammodell geschaffen wurde: um eine emotionale Identifikation mit den Verhandlungsinhalten weitestgehend auszuschließen, um Stress zu minimieren und um Entscheidungen rational mit einem Blick von oben auf die Situation treffen zu können.

Durch eine Rollenaufteilung in einen *aktiven*, einen *überwachenden* und einen *entscheidenden* Part fällt es leichter, das Verhandlungsthema von den verhandelnden Menschen mit ihren emotionalen Faktoren zu trennen.

Wenn Sie so schlau sind wie Clara und einen Entscheider draußen vor der Tür haben, dann können Sie von Ihrem Gegenüber auch nicht so leicht unter Druck gesetzt werden. Überlegen Sie mal: Auch in Verhandlungen, in denen Sie zwangsläufig allein sind – wie bei Gehalts- oder Bewerbungsgesprächen –, können Sie da nicht eigentlich immer einen Entscheider anführen, mit dem Sie das »tolle Angebot« gern abstimmen möchten? Falls nicht, erfinden Sie einen. Und haben Sie keine Angst, dass Ihr Verhandlungspartner das seltsam finden könnte, denn: »Ich nehme an, auch Sie würden dieses Angebot mit Ihrer Frau/ Familie/Vorgesetzten/Vorstand/Kooperationspartner abstimmen? Abstimmungen gehören ja zu jeder gelungenen Zusammenarbeit.« Da soll doch mal einer was gegen sagen! Ihr Entscheider muss nicht mal eine Person sein: »Da würde ich gern nochmal einen Blick in die neuesten Richtlinien werfen« geht genauso. Ein (fiktiver) Entscheider oder Entscheidungsfaktor außerhalb des Verhandlungsraumes kann Sie vor übereilten Entscheidungen bewahren; mit ihm kaufen Sie sich bei Bedarf Zeit! Die Qualität eines tatsächlich existierenden Entscheiders außerhalb des Verhandlungsraums sollten Sie nicht unterschätzen: Er hat zumeist einen nüchterneren, unemotionalen Blick auf die Inhalte, von denen Sie ihm berichten. Das kann Ihnen helfen, eine gute, zielführende Entscheidung zu treffen.

Denn: Erfolgreiche Verhandlungen führen Sie mit dem präfrontalen Cortex – nicht mit dem limbischen System. Und zwar nach dem Motto: »Hart in der Sache, weich zum Menschen.«[55]

INNERE
HALTUNG

26. Wie Ihre Körpersprache mitverhandelt

»Im Zusammensein mit einem Mann von Rang und Würden gibt es drei Verstöße«, erkannte 500 Jahre vor Christus der chinesische Philosoph Konfuzius. »Reden, ehe er dich angesprochen hat – das ist vorlaut; nicht reden, wenn er dich angesprochen hat – das ist verschlagen; reden, ohne dabei seine Miene zu beobachten – das ist blind.« Das gilt mittlerweile natürlich ebenso für Frauen von Rang und Würden. Die Körpersprache nicht zu beachten – sowohl die eigene als auch die des Verhandlungspartners –, wäre grob fahrlässig.

Sie kennen sicherlich Situationen, in denen Sie den Worten Ihres Gegenübers weniger geglaubt haben als seinem körpersprachlichen Ausdruck: weil die Stimme oder die Hände zitterten oder weil ein unpassender Gesichtsausdruck die Worte Lügen strafte. Oder weil Ihre Verhandlungspartnerin die Forderung mit einem unsicheren Lächeln am Satzende entschärfte – eine Spezialität von Frauen, die sich ihrer Sache nicht sicher sind und sich damit selbst torpedieren.

In Situationen, wo die Worte nicht deckungsgleich sind mit den körpersprachlichen Signalen, entscheiden wir uns automatisch, eher dem zu glauben, was der körpersprachliche Ausdruck unseres Gesprächspartners uns verrät. Es gibt viele Studien darüber. Die bekannteste ist die von Albert Mehrabian[56], eine der beeindruckendsten die von Alex Sandy Pentland und seinem Team am Massachusetts Institute of Technology (MIT) über die *Honest Signals* – die »Ehrlichen Signale«, wie die Studie betitelt ist.

Pentland und sein zwölfköpfiges Team beobachteten 2008 mithilfe technischer Sensoren – sogenannter Soziometer – das menschliche Verhalten in drei verschiedenen Situationen: bei Bewerbungsgesprächen, in Gehaltsverhandlungen und bei Rendezvous – in Situationen also, in denen Menschen engagiert etwas miteinander aushandeln. Das Soziometer erfasste Daten zu verschiedenen Verhaltensaspekten, aber nicht den Inhalt der Worte. Das Soziometer wurde an einem Band um den Hals der Versuchsperson getragen. Es enthielt einen Beschleunigungssensor, um die Bewegungen seines Trägers zu messen, sowie ein Mikrofon, das Sprechmuster wie Satzmelodie, Tonfall und Sprechrhythmus aufzeichnete. Ein eingebautes Bluetooth-Funkteil erkannte die Probanden, die sich in der Nähe befanden, ein Infrarotsenor erkannte Face-to-Face-Interaktionen. Das Gerät erfasste also die körpersprachlichen Signale, die Gesprächspartner beständig aussendeten – den Aktivitätsgrad, nachahmende Gestik und Mimik, den Nachdruck, mit dem jemand seine Wortbeiträge vertrat. Es wurden die körpersprachlichen Beiträge während der Kommunikation untersucht, nicht die Wortbeiträge.

Die Studie ergab, was wir tief in unserem Innern alle wissen, aber in der digital geprägten Gesellschaft häufig vergessen: Die »ehrlichen Signale« prägen unsere Entscheidungen im sozialen Miteinander maßgeblich. Und zwar so sehr, dass die Ergebnisse der beobachteten Gespräche anhand der körpersprachlichen Signale vorhergesagt werden konnten – noch bevor die Beteiligten selbst miteinander sprachlich übereingekommen waren.[57] Ehrliche Signale laufen über einen eigenen Kommunikationskanal, über den sich unsere Vorfahren in Urzeiten miteinander verständigt haben – vor der Ausbildung der Sprache. Bei Primaten kann man das gut beobachten. Dieser Kommunikationskanal ist auch bei uns Menschen noch hochgradig aktiv. So schätzt unser Gehirn ruckzuck und ohne Beteiligung des Denkhirns in nur 40 Millisekunden (0,004 Sekunden!) den sozialen Status eines Menschen ein. Und: Auf diesem Kommunikationskanal senden wir beständig, auch wenn wir passiv dasitzen und nichts sagen.

Deshalb ist es fast immer ein großer Vorteil, unserem Verhandlungspartner persönlich gegenüberzusitzen. Wir erhalten einfach mehr Hinweise darauf, was unser Gegenüber denkt und fühlt.

Die verschiedenen Ebenen unserer Kommunikation

Bestsellerautor Peter Modler nennt diese Kommunikationsebene – nach Deborah Tannen – *Move Talk*.[58] Er beschreibt die menschliche

Kommunikation anschaulich auf drei verschiedenen Ebenen:

- Im High Talk tauschen wir sachliche Argumente aus, führen fachlich-komplexe Diskussionen und reden vernünftig miteinander, das rationale Denken im präfrontalen Cortex läuft wie geschmiert. Das gelingt uns am besten, wenn wir mental in der Balance sind.
- Der Small Talk funktioniert ebenfalls verbal, die Inhalte sind aber weniger intellektuell: Wir sprechen über Persönliches und Nebensächlichkeiten, machen subjektive und emotionale Aussagen – leichte Konversation nennen es die Briten.
- Der Move Talk ist nonverbal und mächtig. Gesten, Mimik, Tonfall, Körperhaltungen gehören dazu und auch die Art, wie wir das Territorium um uns herum bespielen, zum Beispiel wie viel oder wenig Raum wir mit unseren Unterlagen auf dem Besprechungstisch einnehmen. Ob wir am Kopfende eines Tisches sitzen oder seitlich am Rand.

Nach Modlers These ist Move Talk die Ebene, auf der sich Dominanz, Arroganz und Status am deutlichsten ausdrücken, weshalb er in seinen Seminaren Frauen daraufhin trainiert, Körperhaltungen, Blicke und Gestiken gezielt zum Werkzeug zu machen. Denn einer Herausforderung auf dieser Ebene kann nur auf gleicher Ebene wirksam begegnet werden. Dazu kann auch gehören, mal gezielt unhöflich zu sein. Wenn die (unausgesprochenen) Spielregeln einer Verhandlung nicht zum Schutze der schwächeren Partei gemacht sind oder wenn Sie auf unkooperative, drängende Verhandlungspartner treffen, können Dazwischenreden oder dominante Gebärden notwendig werden.

Körpersprache in Aktion

Nachfolgend einige Beispiele für Move-Talk-Verhalten, mit dem territorial und körpersprachlich Dominanz beansprucht wird:

- Der Vorgesetzte/Kollege lässt Sie warten, obwohl Sie einen Termin haben.
- Sie bekommen einen Stuhl in der Zugluft zwischen zwei Türen, im Gegenlicht oder einen, der niedriger ist als der Ihres Gegenübers, angeboten.

- Zur Verhandlung erscheinen unangekündigt weitere Personen.
- Ihr Verhandlungspartner wirft häufig Blicke auf sein Mobiltelefon.
- Er lässt Unterbrechungen zu, eventuell mit Ansagen wie »In fünf Minuten rufe ich zurück.«.
- Ihr Verhandlungspartner hat Ihre Unterlagen nicht gelesen und scheint sich für Ihre Inhalte nicht sonderlich zu interessieren.
- Er beantwortet Ihre Fragen nicht und ist generell sehr indifferent.

Vielleicht ist Ihnen das eine oder andere Verhalten schon mal begegnet. Eine Seminarteilnehmerin erzählte neulich, dass ihr Chef sie zu einem vereinbarten Gespräch mit den Füßen auf dem Schreibtisch empfangen hat; bei einer anderen widmeten sich die anwesenden Herren während ihrer Finanzpräsentation ausführlich ihrem Kuchen.

Entwickeln Sie einen aktiven Umgang mit solchen Dominanzgebärden: Wechseln Sie den Stuhl, wenn Sie unbequem platziert wurden. Vereinbaren Sie einen neuen Termin, wenn der sich flegelnde Chef offensichtlich gerade in Chill-out-Stimmung ist. Provozieren Sie eine Pause, die so lange dauert, bis die Kollegen den Kuchen vertilgt haben. Spiegeln Sie Ihrem Gegenüber sein Verhalten, indem auch Sie wortlos und ein wenig ausgedehnter auf Ihr Mobiltelefon blicken. Kurz: Nehmen Sie Move-und-Small-Talk-Gerangel von Männern und anderen Statustierchen ernst – aber nicht als persönliche Kränkung.

Oft beginnen Gespräche schon in der Beschnupperphase mit nonverbalen Provokationen, um erst einmal die Rangordnung festzulegen und die Territorien abzugrenzen. Ich kenne nur wenige Frauen, die diese mitunter aggressiv erscheinenden Spielchen verstehen und schätzen – eben weil viele Frauen eher eine sach- und beziehungsorientierte Haltung pflegen, während Männer häufig statusorientierte Kommunikation betreiben. Für Ihr erfolgreiches Verhandeln im Beruf ist es aber nötig, dass Sie sich diese potenziellen Genderunterschiede im Kommunikationsgebaren immer wieder klarmachen. Und bevor Sie selbst zur vollendeten Domina auf der Move-Talk-Ebene werden: Denken Sie daran, dass Druck Gegendruck erzeugt. Das führt langfristig beim Gegenüber zu keiner lustvollen, kooperativen Haltung. Lesen Sie dazu gern in Kapitel 33, wie Profiverhandlerinnen damit umgehen.

Ein Beispiel für einen Move-Talk-Konflikt in Aktion bietet die folgende Geschichte zwischen zwei Verkehrsteilnehmern, einem Radfahrer und einem Autofahrer. Einmal mehr ging es bei den beiden Männern im Kern um die Statusfrage: Wer von uns ist der König der Straße?

Der Autofahrer war schon eine Weile viel zu dicht an Sams Fahrrad entlanggefahren. Sam fühlte sich eingequetscht zwischen Auto und Bordstein, was er bereits durch Blicke und Gesten signalisiert hatte. An der Ampel überholte das Auto ihn dann mit laut heulendem Motor, was Sam dazu verleitete, dem Fahrer im Rückspiegel den bekannten Gruß via Mittelfinger mitzugeben (was das deutsche Strafrecht als Beleidigung ahnden kann). Daraufhin stoppte das Auto, der Fahrer stieg aus – aufgebracht – und bewegte sich drohenden Schrittes auf Sam zu. Sam ist ein schmächtiger, eher sanfter Typ, der sich nicht gern streitet und dem testosterongesteuertes Dominanzgehabe abgeht. Wie konnte in dieser heiklen Situation eine Auseinandersetzung abgewendet werden? Sams Unterbewusstsein wusste Rat: Ohne nachzudenken griff er in seine Umhängetasche, holte sein Notizbuch hervor, heftete den Blick fest auf das Nummernschild des Autos und begann zu schreiben. Der Autofahrer fing an, ihn zu beschimpfen, doch Sam schaute nicht auf, sondern blickte weiterhin nur auf das Nummernschild und schrieb ernst und konzentriert. Der Mann stieg wieder ein und brauste davon.

Eine interessante Move-Talk-Konfrontation: Einer plustert sich auf, nimmt den (Straßen-)Raum ein und untermauert seinen Anspruch mit Schimpfworten; der andere signalisiert durch konzentriertes Schreiben: »Pass auf, was du tust! Ich registriere alles, was gegen Recht und Sitte verstößt.« Die Lösung fand ohne eine verbale Verhandlung statt.

Die Wirkung von Stimme und Lächeln

Zur körpersprachlichen Ebene gehört auch die Wirkung der Stimme. Was machen Frauen, die eher schüchtern sind, von Natur aus helle Stimmen haben und zaghaft sprechen? Hier ist ein Tipp von meiner 1,59 Meter großen Kollegin Renata: Sie malt sich in Situationen, wo sie gewichtig das Wort ergreifen muss, einen dicken Punkt oben auf ihr Konzept, der sie die ganze Zeit daran erinnert: Stimmlage runter, langsam reden, Pause machen, Leute angucken. Funktioniert, sagt sie.

Wenige Menschen halten Pausen gut aus. Wenn es *Ihnen* gelingt und Sie währenddessen offen in die Verhandlungsrunde blicken, dann signalisieren Sie Unerschrockenheit.

»Hör auf mich, glaube mir, Augen zu, vertraue mir«, singt säuselnd die Schlange Kaa im 1967 verfilmten *Dschungelbuch* und hypnotisiert damit den kleinen Jungen Mogli gegen seinen Willen.[59] Seien Sie wachsam, wenn Ihnen solch ein Sprechstil im Verhandlungskontext begegnet. Körpersprachlich geschulte Verhandler und Verhandlerinnen nutzen gern tiefe Stimmlagen und ein ruhiges, langsames Sprechtempo, um darüber eine »Aura der Autorität und Vertrauenswürdigkeit« zu kreieren.[60]

Wussten Sie, dass Lächeln hörbar ist? Eine britische Studie der University of Portsmouth im Jahr 2007[61] zeigte, dass Probanden kein Problem damit hatten, drei verschiedene Arten von Lächeln zu identifizieren, ohne die Person zu sehen – allein durchs Hören. Lächeln signalisiert Offenheit und Zugewandtheit auch über die Stimme. Das funktioniert sogar am Telefon. Das sollten Sie sich bewusst machen: Sie können vieles ganz direkt aussprechen, solange Ihr Tonfall freundlich-gelassen bleibt und Ihr Verhandlungspartner dabei das Gefühl hat, dass Sie ihn respektieren.

Doch seien Sie umgekehrt wachsam, wenn Ihr Verhandlungspartner stimmlich direkt auf Ihre Gefühlsregion zielt. Gehen Sie den Gefühlen, die angenehme Stimmen und Sprechstile vermitteln, nicht auf den Leim. Prüfen Sie das Gesagte immer auf seinen Inhalt.

Selbstcoaching ohne Doping

Wie können nun Sie zu einer selbstsicheren Körpersprache kommen, zu einer Ausstrahlung, die Sie dabei unterstützt, in der Verhandlung Ihre Frau zu stehen? Ganz ehrlich: Das geht nur von innen. Körpersprache über einen längeren Zeitraum kontrollieren zu wollen, ist vergeblich. Selbst professionelle Pokerspieler behelfen sich mit Sonnenbrillen, damit ihre erweiterten Pupillen sie angesichts eines guten Blattes nicht verraten.

Nur wenn Sie fühlen, was Sie wollen, nur wenn Sie selbst von dem überzeugt sind, wovon Sie andere überzeugen wollen, wird Ihnen eine entsprechende Körpersprache gelingen. Für Verhandlungen heißt das:

1. sich gut vorbereiten,
2. stolz darauf sein und
3. vor der Verhandlung zwei Minuten an einem stillen Örtchen in Superwoman-Powerpose den Cortisolspiegel senken und den Testosteronspiegel im Körper hochtreiben.

Das geht so: Breitbeinig aufstellen, Arme in die Hüften stemmen, Spannung in den ganzen Körper bringen, Augen schließen und sich sagen: »Ich weiß, wie es geht, ich weiß, was ich will, es wird fabelhaft laufen!«[62] Das ist körperliches Selbstcoaching für ein selbstsicheres Auftreten – ganz ohne externes Doping!

27. Wie Sie das richtige Medium für Ihre Message finden

So banal es klingt, schreibe ich es doch noch einmal explizit: Vor jeder Verhandlung gilt es, Vertrauen zwischen den Verhandlungspartnern zu schaffen. Man kann nicht alles mit Verträgen absichern. Und Kooperationen ohne gegenseitiges Vertrauen machen einfach keinen Spaß.

Sie meinen, das ist selbstverständlich? Dann erzähle ich Ihnen ein Beispiel aus meinem Berufsalltag.

Neugierig öffne ich die E-Mail zu einer Anfrage für ein Kommunikationstraining. Sie kommt von einer Firma, die ich nicht kenne. Die unterzeichnende »Vendor Managerin« gibt an, im Auftrag einer dritten Firma zu handeln, was nicht weiter nachgewiesen wird. Ein vierseitiges Formular hängt der Mail an, das ich ausgefüllt als Angebot zurückschicken soll – bitte mit detaillierten Beschreibungen meiner Trainingsinhalte.

Ich recherchiere im Internet und stelle fest: Diese Firma bietet selbst Kommunikationstrainings zu genau diesem Thema an – in fünf verschiedenen Varianten.

Ich frage Sie: Würden Sie an meiner Stelle dieser Firma Ihre Trainingsinhalte beschreiben? Auch wenn man Ihnen in der Mail zusichert: »Wir sind in diesem Fall nur die Vermittler und garantieren, dass Ihr Konzept Ihrer IP (= Intellectual Property) unterliegt«? Ich habe es nicht gemacht. Habe kurz zurückgeschrieben und erhielt daraufhin folgende Mail zurück: »Ich bin ein wenig enttäuscht, dass Sie mich nicht wenigstens angerufen haben, um Fragen zu den Prozessen und der Zusammenarbeit mit Firma XY direkt zu klären«, schrieb die Unterzeichnende. »Wenn Sie der Meinung sind, mir nicht genug Vertrauen entgegenbringen zu können, um eine Zusammenarbeit zu gewährleisten, möchte ich die Angebotsanfrage zurückziehen.«

Ich war erstaunt über die Vorstellung der Mailschreiberin, dass eine einzige, digitale Nachricht zur Kontaktaufnahme ausreichen würde, um eine vertrauensvolle Arbeitsbeziehung aufzubauen. Welche Basis für Vertrauen hatte sich meine Verhandlungspartnerin denn vorgestellt? Ein »Ich weiß doch, was *ich* will, und das kommuniziere ich mal höflich und deutlich« reicht dafür nach meiner Erfahrung jedenfalls nicht aus.

Offenbar wollen Sie, liebe Leserin, Ihre Geschäftsbeziehungen überlegter angehen. Sie lesen ja dieses Buch. Das heißt, Sie haben Interesse daran, ein Verständnis für die Komplexität des menschlichen Miteinanders zu entwickeln – und damit Ihre Fähigkeit zu effizienter Kommunikation auszubauen. Und Vertrauen gehört eben unbedingt dazu. Besonders beim Verhandeln, bei dem Sie vom anderen ja etwas haben möchten.

Von Angesicht zu Angesicht oder lieber online?

Es gibt Tonnen von interessanten Theorien und Untersuchungen darüber, wie digitale Medien unsere Kommunikation beeinflussen. Daraus picke ich in diesem Kapitel eine Handvoll heraus mit der Fragestellung: Welches Medium eignet sich für unsere Verhandlungen? Müssen wir immer direkt miteinander reden, oder können wir auch erfolgreich online verhandeln?

Ein aufschlussreiches Modell gibt es bereits seit 1984: die Media Richness Theory (Medienreichhaltigkeitstheorie).[63] Entwickelt wurde sie von zwei Organisationsexperten, die sich Gedanken darüber machten, welche Art von Botschaften sich am wirkungsvollsten in welchem Medium überbringen lassen. Die Herren Richard L. Daft und Robert H. Lengel erfanden den Begriff »arme Medien« (poor media) für Kommunikationsformen, die wenige *social cues* – soziale Signale – enthalten und damit wenig Rückschlüsse auf den Hintergrund der Botschaft zulassen: Eine Mailnachricht (früher Fax oder Telex) oder SMS besteht ja lediglich aus Buchstaben auf hellem Hintergrund. Wir können nicht sehen, in welcher emotionalen Verfassung diese Nachricht geschrieben wurde, ja nicht einmal, wer sie tatsächlich schrieb. Die Online-Community behilft sich mittlerweile mit kleinen Grinsegesichtern – Emoticons und Emojis[64] –, um dem Buchstabengewimmel menschliche Untertöne zu verleihen. Wie anders als mit ;-) kann ich unaufwändig andeuten, dass Sie einen Satz jetzt gerade mal nicht so ernst nehmen müssen?

Doch das ist natürlich kein Vergleich zu dem, was sich uns erschließt, wenn wir Menschen gegenübersitzen und der Mimik, der Gestik sowie dem Tonfall entnehmen können, was sich hinter unseren Botschaften noch verbirgt (den ehrlichen Signalen haben wir uns ja im vorigen Kapitel ausführlich gewidmet). Zudem können wir unmittelbar darauf reagieren. Entsprechend ist das Gespräch von Angesicht zu Angesicht laut Daft und Lengel ein reiches Medium, gefolgt von Videokonferenzen und Telefongesprächen, in denen wir uns immerhin noch an der Stimme erkennen.

Wie der Aufbau von Vertrauen gelingt

Ich nehme die offensichtliche Erkenntnis mal vorweg: Win-Win-Ergebnisse werden eher in persönlichen Verhandlungsgesprächen erreicht, gefolgt von Verhandlungen per Telefon. Im Gegensatz dazu stehen rein schriftliche Verhandlungen.[65] Sich über unterschiedliche Interessen einig zu werden, ist eben ein komplexer Kommunikationsprozess, der viel mit Verständnis und Verstehen zu tun hat. Soziale Signale helfen uns, das nötige Vertrauen zueinander aufzubauen. Wenn wir aber keine anderen Mittel haben als schwarze Buchstaben auf weißleuchtendem Grund, werden unsere Interpretationen allein aus unserem Kopfkino gespeist. Resultat: Je weniger wir persönlich miteinander zu tun haben, desto größer ist das Potenzial für Missverständnisse.

Kein Wunder also, dass Studien gezeigt haben: Die Zufriedenheit mit Verhandlungen, die ausschließlich über E-Mails geführt werden, ist grundsätzlich geringer als jene, die über reichhaltigere und dynamischere Kommunikationskanäle wie dem persönlichen Gespräch geführt werden. E-Mails erschweren die Vertrauensbildung und führen in Verhandlungen zu einer höheren Anzahl von Sackgassen.[66]

Unterschiedliche Medien ermöglichen unterschiedliche Reaktionszeiten

Ein weiterer interessanter Aspekt, um Medien hinsichtlich ihrer Tauglichkeit für eine effektive menschliche Kommunikation zu beurteilen, ist die unterschiedliche Reaktionszeit, in der wir uns austauschen. Wie wirken sich Verhandlungen in synchronen und asynchronen Medien aus? Das fragten sich die beiden Forscherinnen Eva-Maria Pesendorfer und Sabine T. Koeszegi.[67]

»Synchron« ist ein persönliches Gespräch, ein Telefonat oder auch Onlinechat, weil wir darin recht zeitgleich Informationen austauschen. Asynchron ist die schriftliche Kommunikation per E-Mail oder Brief, die Stunden, Tage oder gar Monate später gelesen und beantwortet werden können.

Ergebnis: Per Onlinechat geführte Verhandlungen dauern im Schnitt dreimal länger als analoge Gesprächsverhandlungen. Nicht sehr verwunderlich, dauert doch allein das Tippen schon eine gewisse Zeit. Zudem führt diese Form der Kommunikation eher zu einem kompetitiv-aggressiven Verhalten. Auch das hat seine Logik: Im Chat folgt man leicht einem ersten Schreibimpuls und der sich entfaltenden Dynamik, ohne den anderen dabei vor Augen zu haben.

Eine Verhandlung in einem asynchronen Medium wie E-Mail hat durchaus Vorteile: Der Überrumpelungseffekt durch wortgewandt vorgetragene Sachverhalte fehlt und kann leichter durchschaut werden. Im analogen Gespräch ist es viel schwieriger, einen Überblick über den Verhandlungsverlauf zu behalten – im Mailverkehr können Sie jederzeit nachlesen, was geschrieben wurde. Und Sie haben Zeit, Ihre Erwiderungen und Angebote zu formulieren. Ängstliche Verhandlerinnen schätzen digitale Medien zudem als willkommene Puffer zwischen sich und den allzu drängenden Verhandlungspartnern. All diese Gründe führten dazu, dass die Versuchspersonen in der Studie von Pesendorfer/Koeszegi deutlich zufriedener mit dem Verhandlungsergebnis via asynchronem Mailmedium waren.

Verwirrend, oder? Unterschiedliche Studien ergeben unterschiedliche Ergebnisse. Einerseits gewinnen wir in persönlichen Gesprächen durch die Vielzahl der ehrlichen Signale nötige Hintergrundinformationen, wie eine Botschaft gemeint ist. Andererseits zeigen Studien eine große Zufriedenheit mit Verhandlungen, die per E-Mail geführt werden. Für welches Medium sollen Sie sich denn nun entscheiden, um erfolgreich zu verhandeln?

Die Antwort ist leichter, als es auf den ersten Blick scheint. Es kommt darauf an, *was* Sie gerade übermitteln wollen: Soll ein Bündel an Zahlen-Daten-Fakten kommuniziert werden? Oder wollen Sie zunächst ein gemeinsames Verständnis des Verhandlungsgegenstandes erörtern? Im ersteren Fall wäre eine E-Mail eine gute Wahl.[68] Ihre Verhandlungspartner können die Informationen in Ruhe lesen, verdauen, teilen und ihre Erwiderung darauf formulieren. Wenn Sie hingegen etwas klären oder zuallererst Vertrauen aufbauen möchten, bietet sich ein persönliches Treffen oder zumindest ein Telefongespräch an.

Und was wollte die Vendor Managerin mit ihrer Mailanfrage an mich? Sie wollte alles auf einmal: mir aktuelle Informationen geben (»wir organisieren Trainings für Firma XY«), mein Verständnis erlangen und Vertrauen aufbauen (»wir bewahren Ihre IP«) und mir Informationen entlocken (»bitte beschreiben Sie Ihre Trainingsinhalte«). Alles in einer ersten digitalen Kontaktaufnahme in einem armen Medium. Hat nicht geklappt. Sie wissen jetzt, wieso. Ich hätte an ihrer Stelle zunächst einen kurzen Kontakt per Telefon aufgenommen, in dem ich meine – etwas komplexe – Position erklärt hätte, und erst danach die Anfragemail verschickt.

Vertrauen als wichtige Verhandlungsressource

Die Faustregel ist: Je weniger Zeit Sie sich nehmen, um Ihr Gegenüber einzuschätzen und dessen Standpunkte zu verstehen, desto schwerer haben Sie es, eine (Arbeits-)Beziehung – im Soziologenjargon: Rapport – aufzubauen. Was einfach damit zu tun hat, dass der jeweilige Verhandlungspartner weniger greifbar und damit weniger einschätzbar ist, als wenn Sie sich in einem persönlichen Gespräch von ihm und seiner Arbeitswelt ein Bild machen können.

Zwei Studien, die das zwischenmenschliche Vertrauen und die Glaubwürdigkeit in digitalen Verhandlungen untersuchten, ergaben, dass Studienteilnehmer, die ausschließlich digital verhandelten, ihren Verhandlungspartnern grundsätzlich weniger vertrauten – sowohl *vor* als auch *nach* dem Abschluss der Verhandlung.[69]

Sie sehen also: Vertrauen ist keine Ressource, die man online einkaufen kann.

Es sei denn, Sie machen vorher Witze. Kein Witz! Online verhandelnde Personen entwickeln dann Vertrauen zueinander und fahren messbar größere gemeinsame Gewinne ein, wenn sie zu Beginn einer Verhandlung eine »gemeinsame Humorerfahrung« hatten.[70] (Das ist jetzt wirklich die letzte Studie, die ich Ihnen zu diesem Thema zumute.) Wer positive Gefühle miteinander teilt, erzeugt – zumindest in der Studie von 2009 – eine Bereitschaft, dem unbekannten Gegenüber zu enthüllen, was man erreichen möchte.

Das passt zu Anton Tschechows Einsicht: »Am liebsten erinnern sich die Frauen an die Männer, mit denen sie lachen konnten.« Genau. Weil nämlich »in seinem Lachen der Schlüssel liegt, mit dem wir den ganzen Menschen entziffern.«[71]

Ich fasse dieses ausführliche Kapitel für Sie in einer Message to go zusammen:

Verhandlungen, die über Onlinemedien wie E-Mail stattfinden, laufen besser, wenn Sie versuchen, am Anfang einen Rapport, eine persönliche (Arbeits-)Beziehung, aufzubauen – und zwar bevor Sie mit den eigentlichen Verhandlungsthemen beginnen. Ein Telefongespräch oder ein persönliches Meeting helfen dabei enorm. Personalisieren lautet das Zauberwort.

Wenn Sie neben Ihrem Informationsaustausch ein Gefühl für die Person auf der anderen Seite entwickeln und sie nicht nur als E-Mail-Adresse sehen, schaffen Sie die Voraussetzung für sich und Ihr Gegenüber, das nötige Vertrauen aufzubauen. Humor ist dazu ein Schlüsselfaktor. Freundliche, persönliche Worte am Anfang und am Ende jeder Verhandlung sind ein »Muss«. Lesen Sie dazu auch das aufschlussreiche Interview in Kapital 33 mit Isabelle.

28. Wovor Sie ein kritischer Blick in den Spiegel schützt

»Das ist jetzt mein letztes Angebot, Frau Neumann. Wenn Sie sich so unnachgiebig zeigen, dann sehe ich keine Möglichkeit mehr, mein Angebot mit dem Excelkurs aufrechtzuerhalten. Ich habe Ihnen erklärt, dass Gehaltserhöhungen bis auf Weiteres nicht möglich sind. Und – ganz ehrlich – sehe ich auch nicht, inwieweit das Ihre ja eher mittelmäßige Performance steigern würde. Überlegen Sie sich mein Angebot mit dem Kurs bis morgen, und geben Sie mir Bescheid. Ich muss jetzt leider weiter.«

Das Instrumentarium von manipulativen Verhandlern ist meist vielfältig: Die Ankündigung eines finalen Angebots, gekoppelt mit der pessimistischen Äußerung zur Einigung, Anschuldigungen über die »Unnachgiebigkeit« der Verhandlungspartnerin, die Herabsetzung von Personen (in diesem Fall unter Ausnutzung des Abhängigkeitsverhältnisses Chef – Angestellte), plötzlicher Abbruch.

Die Liste der Manipulationstechniken, die uns in Verhandlungssituationen emotional aufladen, ist lang.

Frau Neumann ging es darum, ihr Interesse nach einer längst fälligen Gehaltserhöhung erfüllt zu bekommen. Spätestens jetzt hat sie aber noch ein weiteres, unausgesprochenes Interesse: »So wie der mit mir umgeht, verdient er eine Strafe. Ich mache jetzt nur noch Dienst nach Vorschrift.« Im Kopf ihres Chefs hingegen tönte: »Sie muss lernen, dass ich hier die Abteilung leite und die Entscheidungen treffe.«

Wenn sich uns jemand in den Weg stellt, stehen wir vor einer wichtigen Entscheidung: Wann sind unsere Bedürfnisse und Interessen wichtiger als die moralische und sozial akzeptable Behandlung unseres Verhandlungspartners? Was ist fair? Wir müssen dann unsere Eigeninteressen gegen die Interessen des anderen abwägen. Und es stellt sich uns die Frage nach dem richtigen, dem moralisch vertretbaren Verhalten in einer Verhandlung.

Welche moralischen Maßstäbe wir dabei anwenden, hängt stark von dem Umfeld ab, in dem wir leben. Jede Kultur, jede Gesellschaft und jede religiöse Gemeinschaft hat moralische Normen und Überzeugungen, denen wir folgen – häufig eher unbewusst und intuitiv. Erst wenn wir angesichts einer Situation Empörung, Schuld oder Ekel empfinden, wird uns klar, dass wir uns in einem moralischen Konflikt befinden.[72]

Wie Sie sich entscheiden, kann erhebliche kostspielige Konsequenzen für Sie selbst, für den anderen und für Ihr Umfeld bedeuten.

Verhandeln mit ethisch-moralischem Rückgrat

Fragen nach der Verhandlungsethik betreffen alle Stationen des Verhandlungsprozesses: die Vorbereitung, den Informationsaustausch, das Geben und Nehmen sowie die Zusagen, die wir machen.

Dabei spielt in hohem Maße eine Rolle, was Sie *tun*, und nicht, woran Sie *glauben*. Anders gesagt: Ihre Verhandlungsmoral wird in der Praxis getestet, nicht in der Theorie. Ist es beispielsweise okay, wenn Sie Druck ausüben, weil der andere von Ihnen abhängig ist? Ist es akzeptabel, wenn Sie mit einem Rechtsstreit drohen, den Sie gar nicht führen wollen?

Wenn Sie auf beide Fragen mit Ja antworten, lesen Sie trotzdem weiter. Es lohnt sich, ein besserer Mensch zu werden. Wenn Sie mit Nein antworten, sich im Stillen aber fragen: »Was bringt es mir, wenn ich im Zweifelsfall die moralisch Überlegene bin, meine Interessen aber unterliegen?«, werden die nachfolgenden zwei Kapitel Ihnen eine Antwort darauf geben.

Eine bewusste Verhandlungsethik zu haben, bringt nämlich eine Menge Vorteile.[73] Ihr ethisch-moralisches Verhalten steht dafür, wie Sie von der Außenwelt – von Ihren Mitmenschen – wahrgenommen werden (Ihre Reputation). Und gleichzeitig hat es Auswirkungen nach innen darauf, wie sehr Sie mit sich selbst im Einklang leben (Ihr Selbstrespekt).

»Ich habe dieses Modell im Internet für 150 Euro weniger gesehen«, sagt die Kundin zum Taschenverkäufer im Laden. Es ist nur eine kleine

Lüge, um die eigene Verhandlungsposition auszubauen und schnell erzählt. Warum dann nicht auch lügen, wenn viel auf dem Spiel steht? Aber wo ist die Grenze?

Für mich ist die Frage »Lügen oder nicht lügen?« eine grundsätzliche. Weil die verschiedenen Aspekte meines Lebens miteinander verbunden sind. Ich bin mit moralischen Werten und Prinzipien aufgewachsen, die einen wesentlichen Bestandteil meines Verhaltens, ja meiner persönlichen Identität ausmachen. Sicherlich wird es auch Ihnen nicht gelingen, Ihr Verhalten am Verhandlungstisch von der Person zu trennen, die Sie jeden Morgen im Spiegel anschauen. Das sind immer *Sie*.

»Deshalb strebe ich ethische Standards an, die ich durchgehend anwenden kann. Ich gebe zu, dass ich dahinter manchmal zurückbleibe, aber ich setze meine Ziele in der Hinsicht hoch an, damit ich nicht irgendwann hinter meinem Grundverständnis von persönlicher Integrität zurückfalle«, sagt G. Richard Shell.[74] Ich pflichte ihm aus vollem Herzen bei. Denn dadurch vermeiden Sie, den Respekt vor sich selbst zu verlieren.

Wie Sie Selbstrespekt und innere Balance bewahren

Selbstrespekt ist eine wichtige Eigenschaft im Leben eines jeden Menschen. Wenn Sie Ihren Selbstrespekt verlieren, verlieren Sie Ihre Durchsetzungskraft und werden leicht angreifbar. Das ist schlecht für Verhandlungen. Wer sich hingegen selbst respektiert, hat es leicht, sich selbstständiges Denken zu erlauben. Durch selbstständiges Denken finden Sie zu Ihren eigenen Maßstäben.

Für Verhandlungen heißt das ganz praktisch, dass Sie darauf achten, nicht auf einen niedrigeren moralischen Standard herabzusinken. Wenn Ihr Gegenüber unethische Methoden anwendet und Sie wütend werden, widerstehen Sie der Versuchung, nach dem Motto »Auge um Auge« zu handeln. Denken Sie lieber daran: Sie müssen Ihr eigenes Verhalten verantworten und Ihren Selbstrespekt aufrechterhalten – jeden Morgen aufs Neue vor dem Badezimmerspiegel.

Sind Sie schon einmal mit Schuldgefühlen aus einer Verhandlung gegangen? Mit einer Selbstanklage wie: »Hätte ich ihr das doch bloß nicht an den Kopf geworfen«? Dann wissen Sie, dass Sie das noch verfolgt, lange nachdem die eigentliche Verhandlung abgeschlossen ist. Nichts ist schlimmer als eine Dauerverhandlung mit dem eigenen schlechten Gewissen. Auch hier hilft Ihnen Ihr eigener ethischer Verhaltenskodex bei der Wahrung der inneren Balance.

Innerhalb des eigenen Wertesettings agieren

Ein dritter Punkt ist Ihre persönliche Integrität. Damit meine ich Ihr inneres Wertesetting, also einen reflektierten moralischen Standpunkt, der mehr ist als ein bloß intuitives, subjektives Gefühl. Diesen Standpunkt gewinnen Sie dadurch, dass Sie Ihre moralischen Überzeugungen definieren und reflektieren und deshalb, wenn nötig, vor anderen auch begründen können.

Persönlich integre Personen verhandeln zumeist konsequent innerhalb ihres Wertesettings – im Gegensatz zu solchen, die impulsiv reagieren und ihre Überzeugungen nach dem Wind ausrichten.

So sehr ich einen eigenen Verhaltenskodex bei Verhandlungen empfehle, möchte ich ehrlicherweise auch warnen: Hohe ethische Standards haben ihren Preis. Je strikter diese Standards sind, desto mehr müssen Sie bereit sein, den Preis zu zahlen, den es kostet, Ihre Überzeugungen in Verhandlungen aufrechtzuhalten – auch so weit, dass Sie sich trotz besseren Wissens nicht durchsetzen. Wie bei meinem Freund Bruno, von Beruf Richter, der darauf verzichtete, die vorzeitige Auszahlung der Hypothek bei der Bank zu erzwingen, die bei Abschluss des Vertrages einen Formfehler begangen hatte, den Bruno damals in Kauf nahm: »Ich habe damals sehenden Auges diesen Vertrag so unterschrieben. Dazu stehe ich. Ich könnte mich doch selbst nicht ernst nehmen, wenn ich mein Verhalten nur nach meinem Eigeninteresse ausrichte.« Ich gebe zu: Ich bin froh, dass unser Rechtsstaat mit solch hochmoralischen Juristen gesegnet ist – die mir als Pragmatikerin oft den Kopf zurechtrücken. Denn ich bin gelegentlich durchaus bereit, Gleiches mit Gleichem zu vergelten – wenn es nicht allzu negative Folgen hat. Dennoch: Der persönliche Gewinn, den Sie daraus ziehen, wenn Sie ihren eigenen Überzeugungen zu folgen, wiegt langfristig die vermuteten Kosten auf, auch weil Sie durch persönliche Integrität moralische Instanz sein können, jemand, den man achtet und befragt. Das verspielen Sie, sobald Sie unethisch agieren. Wenn Sie erst einmal für schlüpfrige, unfaire Verhandlungspraktiken bekannt sind, dann verlieren Sie auch das Recht, sich über das Verhalten anderer zu beschweren. Sie verlieren mit der moralischen Macht auch Ihre (normative) Verhandlungsmacht. Ihre normativen Druckmittel funktionieren nicht mehr, weil keiner Ihnen mehr glaubt.

Hier ein reales Beispiel dazu von einem Anwalt, der vor Gericht kein Problem mit Falschaussagen hatte:

Verhandelt wurde der Fall von Herrn A., den der Zoll bei einer Kontrolle auf einer Baustelle angetroffen hatte. Herr A. war arbeitslos gemeldet und erhielt Arbeitslosengeld. In der Gerichtsverhandlung behauptet der Anwalt von A. nun, A. habe dort nicht gearbeitet und nur seinen Kumpel F. besucht. Daraufhin wurde Herr F. als Zeuge vernommen. Er gab an, Herrn A. gar nicht zu kennen. Darauf bat der Anwalt von A. um eine Verhandlungspause, um sich mit A. zu beraten.

Anschließend behauptete der Anwalt, A. sei nur deshalb auf der Baustelle gewesen, weil er seinen Schwager abholen wollte. Es stellte sich aber heraus, dass der Schwager dort gar nicht arbeitete.

Nach einer weiteren Verhandlungspause behauptete der Anwalt schließlich, A. habe beim Arbeitsamt die Arbeitsaufnahme vorher angezeigt.

Würden Sie diesem Anwalt noch trauen?

Persönliche Integrität zeichnet neben der Kooperationsfähigkeit die Vertreter viele Branchen aus. Stellen Sie sich einen Buchhalter, einen Makler, eine Richterin oder Anwältin vor, die nicht integer agieren. Wenn Sie den Worten Ihres Verhandlungspartners keinen Glauben schenken, können Sie doch jede Einigung vergessen.

Ihre Reputation ist Ihr soziales Kapital

Ihre persönliche Integrität wirkt sich direkt auf Ihre Reputation aus. Wie Ihre Mitmenschen Sie wahrnehmen, bestimmt Ihre Reputation.

Und das ist mehr als ein guter oder schlechter Ruf. Ihre Reputation bestimmt, wie Menschen Sie behandeln, welche Geschichten und Gerüchte hinter Ihrem Rücken über Sie erzählt werden. Ihre Reputation ist Ihr soziales Kapital!

Wem der Ruf eines manipulativen Verhandlers vorauseilt, der braucht sich nicht zu wundern, wenn sein Gegenüber kompetitiv mit ihm verhandelt oder blockt. Denn viele Menschen meiden manipulative Personen und lassen sich nicht auf sie ein. Manipulative Verhandler riskieren, nicht mehr ernst genommen zu werden, ohne dass sie es merken.

Bevor Sie denken: »Den sehe ich eh nicht wieder« und Ihre Interessen entsprechend hart verhandeln, möchte ich Ihnen entgegenhalten, dass die Art und Weise, wie Sie mit Menschen umgehen, von vielen Beteiligten wahrgenommen wird – auch womöglich von Dritten, zu denen Sie wichtige Beziehungen haben. Sie können nie voraussehen, wer wen kennt oder wen Ihre Firma im nächsten Jahr anheuert oder als Kooperationspartner gewinnt.

»Vertrauen ist (…) ein Gefühl der Zuversicht, dass sich die Dinge in einem verlässlichen Rahmen entfalten, der Ordnung und Integrität beinhaltet. Vertrauen ist ein stabilisierendes Element, das Offenheit schafft und uns intuitiv geleitet.« Diese Worte von Achtsamkeitslehrer Jon Kabat-Zinn[75] beschreiben ganz treffend die Basis, auf der gute Arbeitsbeziehungen funktionieren.

Wer aufrichtig ist, ist einschätzbar. Und wer einschätzbares Verhalten an den Tag legt, dem schenkt man Vertrauen. Wenn Sie bei Ihren Verhandlungen den Vertrauenserwerb als Langzeitgewinn im Blick haben, dann sollten Sie sich um gute Arbeitsbeziehungen bemühen. Wenn Sie sich hingegen auf den unmittelbaren, kurzfristigen Gewinn konzentrieren, kann es so enden wie bei Sabine:

Sabine ist Topmanagerin in einer renommierten Stiftung. Ihre große Tatkraft wird von vielen bewundert. Auch ihre rhetorischen Fähigkeiten, mit denen sie in Verhandlungen zwischen konträren Positionen vermitteln kann, trugen ihr Anerkennung ein. Dieses positive Image verspielte Sabine allerdings im Laufe der Zeit in ihrem Kollegenkreis. Nicht nur, weil sie dem Bild der drängenden Verhandlerin entspricht, sondern vor allem, weil sie es mit ethischen Regeln nicht so genau nimmt: Sabine verschweigt gerne mal Informationen, agierte wiederholt zum eigenen Vorteil hinter dem Rücken von Gremienmitgliedern und hält selten ihre Versprechungen. Das führte schließlich dazu, dass nur noch wenige ihrer Kollegen mit ihr zusammenarbeiten wollen. Sabine genießt weiterhin die Reputation einer fähigen, tatkräftigen Frau – aber ihre Verhandlungspartner vertrauen ihr nicht mehr. Kooperationen mit ihr finden nur noch auf der Basis von schriftlichen Verträgen statt.

Das ist der Preis, den derjenige zahlt, der als nicht vertrauenswürdig eingestuft wird: Er erfährt nichts mehr, weil ihm gegenüber keiner mehr offen ist. Überlegen Sie es sich also gut, ob Sie diesen Preis zahlen wollen, derart innerhalb Ihrer Gruppe isoliert zu werden.

Unser ethisch-moralisches (Ver-)Handeln hat einen enormen Einfluss auf die Qualität unserer Arbeitsbeziehungen und darauf, wie wir wahrgenommen und von anderen behandelt werden. Insofern ist ethisch-moralisches Verhalten eine Art Kompass dafür, ob wir unser Leben und Handeln als geglückt empfinden oder nicht. Wer wiederholt gegen seine inneren Überzeugungen (ver-)handelt, verliert seine innere Balance und kann nicht glücklich werden.

Einmal mehr gehe ich mit G. Richard Shell d'accord, der empfiehlt: »Setzen Sie Ihre Ziele für ethisches Verhalten hoch. In der Realität machen Sie unter dem Druck in Verhandlungen dann immer noch ethische Kompromisse.« Mein persönliches Leitmotiv lautet: »How you do one thing is how you do everything.« Frau Neumann am Anfang unseres Kapitels hat jetzt also die Wahl, ob sie ihrem Chef deutlich kontra gibt (»Wissen Sie was? Ich überlege mir mal eine wirklich wirksame Fortbildungsmaßnahme, die es mir ermöglicht, meine Performance so zu steigern, dass Sie sie auch wahrnehmen.«) oder ob sie in kooperativ-bestimmtem Ton zwei Forderungen stellt: »Das höre ich so zum ersten Mal, Herr Schulz, dass Sie mit meiner Arbeit nicht zufrieden sind. Geben Sie mir bitte einen Termin, um darüber ausführlicher zu reden – und dann können wir sicherlich auch eine Fortbildung finden, die meine Performance sinnvoll steigert.«

RECHTLICHES

29. Wo Gesetze mitreden

Ein römischer Bürger hielt viel auf seine *bona fide*. Gemeint war damit sein redliches und zuverlässiges Handeln im Rechtsverkehr. In unserem Bürgerlichen Gesetzbuch taucht der Begriff noch heute auf: unter der Überschrift *Leistung nach Treu und Glauben*.[76] Rechtsbegriffe wie »Treu und Glauben« und »billiges Ermessen«[77] appellieren an ethisch-moralisches Verhalten. Doch was für einen hanseatischen Kaufmann Verkehrssitte ist – der vertraglich-bindende Handschlag zum Beispiel –, mag im Frankfurter Bankengewerbe ganz anders aussehen. Obendrein ändern sich die Verkehrssitten mit der Zeit. Deshalb sind diese unbestimmten Rechtsbegriffe auslegungsbedürftig. Das schützt Gesetze davor, ständig umgeschrieben werden zu müssen.

Gemäß der alten römischen Grundregel von Treu und Glauben gehen wir auch heute davon aus, dass niemand betrügt. Solche Grundprinzipien für Fairness und Vertrauen werden Ihnen rund um den Erdball begegnen. Unser geltendes Recht enthält also ethisch-moralische Grundsätze für Verhandlungen. Egal, wie Ihre Einstellung zur Ethik ist, an rechtlich vorgegebene Standards müssen Sie sich bei Ihren Verhandlungen halten, wenn Sie nicht mit dem Gesetz in Konflikt geraten wollen.

Das ist bei harten Verhandlungen unter Druck manchmal ganz schön schwierig. Hier können wir durchaus in Versuchung kommen, ethische Kompromisse zu machen und – wissentlich oder unwissentlich – gegen Gesetze zu verstoßen. Zum Beispiel durch:

- bewusst verzerrte oder unwahre Darstellungen,
- üble Nachrede (wie geschäftsschädigende Angriffe auf das Image),
- bewusst in Kauf genommene oder herbeigeführte Schädigungen des Verhandlungspartners (finanzielle und moralische),

- Bestechung,
- Betrug.

Wie bereits im vorigen Kapitel erwähnt: Die kritischen Faktoren, die Verhandler auf den unethischen Pfad führen, sind Lügen, irreführende Angaben und Falschaussagen – aktiv durchgeführte Täuschungsmanöver also. Aber auch Unterlassungen können rechtswidrig sein: wenn Sie unvollständige Auskünfte geben, Teilwahrheiten erzählen oder wesentliche Informationen geheim halten, obwohl Sie es besser wissen.

Man kann den Weg von einer aufrichtigen Kommunikation über Ethisch-Bedenkliches bis in gesetzlich verbotene Zonen schrittweise darstellen. Harvard-Professor Robert H. Mnookin hat diese Kommunikationsschritte in seinem Offenlegungskontinuum beschrieben.[78]

Ein Beispiel:

Sie wollen Ihr Häuschen verkaufen. Es ist recht gut in Schuss, allerdings haben Sie im Keller einen Pilzbefall entdeckt. Ihr Freund ist Architekt und hat sich das angeschaut. Seine Diagnose war, dass es sich um einen Schwamm handeln könnte – also ein Befall, der nicht nur gesundheitsschädlich ist, sondern auch eine nachhaltige Wertminderung Ihres Hauses verursacht. Sie haben das noch nicht weiter untersuchen lassen. Was sollten Sie nun einem Kaufinteressierten davon mitteilen? Hier sind verschiedene Optionen:

Sie als Verkäuferin können dem Käufer den Sachverhalt offen kommunizieren und eine Untersuchung durch einen Spezialisten empfehlen.

Sie sagen nichts und hoffen, dass der Käufer das Problem nicht bemerkt.

Sie können den Käufer fehlleiten, indem Sie keine Antwort geben, wenn der Käufer sagt: »Wow, das Haus scheint rundherum gut in Schuss zu sein. Ich suche nämlich eines als Kapitalanlage, das mir keinen Ärger bereitet.«.

Sie können den Käufer in die Irre führen, ohne direkt zu lügen. Zum Beispiel indem Sie sagen: »Ich mag das Haus. Ich habe immer gern hier gewohnt. Außer für routinemäßige Wartungen habe ich nie Geld für Reparaturen aufwenden müssen. Dieses Haus ist wirklich solide gebaut und komfortabel ausgestattet.«

Schließlich könnten Sie explizit lügen. Wenn der Käufer fragt: »Hat das Haus irgendwelche Mängel? Feuchte Stellen oder Ähnliches?«, könnten Sie sagen: »Nein, absolut nicht. Alles ist gut in Schuss. Keine Anzeichen von Problemen.«

Überlegen Sie mal, bevor Sie weiterlesen: Welche Handlungsoptionen schätzen Sie als ungesetzlich ein – und welche »nur« als ethisch bedenklich?

D und E wären ungesetzlich. E erfüllt sogar den Tatbestand des Betrugs.[79] Einen einfachen Pilzbefall müssen Sie nicht grundsätzlich offenlegen, wenn nicht danach gefragt wird, weil er nicht zwangsläufig ein wesentliches Manko darstellt, wenn er beseitigt werden kann. Wird allerdings konkret nach Problemen oder Schäden gefragt, müssen Sie die Wahrheit sagen. Und schwere Schäden – wie beispielsweise eine Kontaminierung Ihres Gartens mit Giften oder Kampfstoffen aus dem Zweiten Weltkrieg – müssen Sie gegebenenfalls sogar ungefragt offenbaren. Die Grenzen sind fließend. Allerdings fragt sich, wer Option C guten Gewissens vertreten könnte. Informationen bewusst zurückzuhalten, wenn der Verhandlungspartner falsche Vermutungen hat, ist sicherlich ethisch bedenklich. Sie nehmen damit ja die finanzielle Schädigung Ihres Verhandlungspartners bewusst in Kauf.

Gegenmittel für riskante Situationen

Wenn Sie nicht gerade Juristin sind, ist Ihnen die Grenze zwischen ungesetzlichem und ethisch bedenklichem Verhalten vielleicht nicht immer deutlich. Schon deshalb lohnt es sich, einem eigenen ethisch-moralischen Verhaltenskodex zu folgen und ihn in Verhandlungen konsequent anzuwenden.

Um Ihrerseits zu vermeiden, übervorteilt und über den Tisch gezogen zu werden, sollten Sie wissen, welche Situationen grundsätzlich ein erhöhtes Risiko für unethisches Verhandlungsverhalten in sich bergen. Dies sind Situationen, in denen Sie Ihren Verhandlungspartner danach (vermutlich) nie wiedersehen – wie bei Einzelgeschäften. Immer wenn die Sache wichtiger ist als die Beziehung, sollten Sie besonders auf der Hut sein.

Dieses Risiko steigt noch, wenn die Verhandlungsmacht ungleich verteilt ist und beide Parteien in einem starken Wettbewerb stehen. Der Mächtigere freut sich dann am Ausspielen seiner Druckmittel, und die schwächere Partei wird zu unethischen Erwiderungen verführt.

Das wirft natürlich die Frage auf: Wie kann ich mich vor skrupellosen Taktiken unethischer Verhandlungspartner schützen?

Tipp: Verlassen Sie sich auf Beziehungen. Beziehungen sind gute Schutzschilder. Der Name Ihres Bekannten zum Beispiel, auf dessen Empfehlung Sie einen bestimmten Gebrauchtwagenhändler aufsuchen, wirkt von vornherein wie ein Schutzschild gegen unfaire Absichten. Denn wenn Sie auf Empfehlung eines anderen kommen oder vorgestellt werden, zeigen Sie Ihrem Verhandlungspartner damit, dass Sie sich in einem Netzwerk von Beziehungen befinden, mit dem auch Ihr Verhandlungspartner zu tun hat. Das heißt, dass die Beziehung mit Ihnen über die unmittelbare Situation hinaus eine Bedeutung hat. Dazu kann schon die gemeinsame Mitgliedschaft in einem Berufsverband oder Sportverein reichen. Das minimiert die Versuchung Ihres Verhandlungspartners, sich unethisch zu verhalten, und hebt den Standard eines fairen Umgangs miteinander nachweislich.

Nutzen Sie also Beziehungen als normative Hebelkraft, wo Sie können!

Nachfolgend sind einige risikoreiche Situationen aufgelistet, die zu manipulativem, unethischem Verhandeln führen können – samt Tipps für Gegenmittel, wie Sie die Gefahr abwenden können.

Situation 1: Ihr Verhandlungspartner hat wenig zu verlieren und viel zu gewinnen. Er sieht sich also in der stärkeren Position. Sie haben a priori wenige Hebelansätze.

Ihr Gegenmittel: Fragen Sie viel zum Hintergrund Ihres Partners, zu seinen Motivationen und leiten Sie daraus Ihre Hebelansätze ab (Kapitel 8). Schauen Sie, wie Sie den Preis der Einigung für die andere Seite in die Höhe treiben können – zum Besipiel indem Sie ihn unter Zeitdruck bringen. Wenn Sie keine Hebel finden, führen Sie als Richtwerte

Normen und Leitlinien ins Feld, die in Ihrer Branche üblich sind, und verpflichten Sie Ihren Verhandlungspartner darauf. Nutzen Sie Standardverträge, die Sie im Netz oder bei Ihrem Berufsverband finden.

Situation 2: Es gibt eine starke Informationsasymmetrie. Ihr Verhandlungspartner verfügt über deutlich mehr Informationen als Sie.

Ihr Gegenmittel: Setzen Sie eine Liste mit Ihren Forderungen, Alternativen und mit Optionen, die Ihnen wichtig sind, dagegen (zum Beispiel Ihre Forderungen, die Sie in Kapitel 9 zusammengestellt haben). Achten Sie auf Unklarheiten bei Fakten, die Ihr Gegenüber einbringt und legen Sie Ihren Finger darauf. Wenn es Ihnen gelingt, dadurch den Standpunkt des anderen zu erschüttern oder neue Möglichkeiten herauszuarbeiten, kommen Sie in eine stärkere Position.

Situation 3: Ihr Verhandlungspartner äußert sich schwammig, Informationen erscheinen wenig konkret; Sie haben Mühe zu erkennen, worum es ihm geht.

Ihr Gegenmittel: Achten Sie auf vorsichtige Sprache Ihres Gegenübers (»ich denke«, »ich meine«) und begegnen Sie solchen Aussagen mit großer Skepsis. Meinungen beschreiben keine wesentlichen Sachverhalte. Bekennen Sie sich zu grundlegenden Zielen und Standards. Wiederholen Sie Ihr Verständnis zu den Interessen des anderen. Insistieren Sie auf verbindliche Aussagen, warten Sie nicht auf finale Vertragsformulierungen. Machen Sie selbst nur Versprechungen, die Sie halten können.

Situation 4: Mit Ihrem Verhandlungspartner verbindet Sie wenig. Sie haben keine regelmäßige Kommunikation und stehen auch in keinem gegenseitigen Abhängigkeitsverhältnis.

Ihr Gegenmittel: Finden Sie Dritte als Schutzschild (siehe Tipp oben: Beziehungen einsetzen).

Situation 5: Das Überprüfen der Reputation Ihres Gegenübers und seiner Informationen ist schwierig; Sie haben keine Zeit oder finanziellen Ressourcen dafür.

Ihr Gegenmittel: Forschen Sie im Internet nach institutionellen Quellen für Reputationsinformationen zum Beispiel bei Berufsverbänden. Erwähnen Sie gemeinsame Mitgliedschaften, Kunden, Bekannte als Schutzschild. Finden Sie unabhängige Quellen für Fakten und Bewertungen der zu verhandelnden Sachverhalte.

Situation 6: Wenn Sie entdecken würden, dass Sie getäuscht wurden, wäre eine Nachbesserung schwierig oder nicht möglich.

Ihr Gegenmittel: Machen Sie sich über Gesetze und Richtlinien schlau, die für Ihren Verhandlungsfall zutreffen; zeigen Sie, dass Sie diese kennen. Auch hier: Nutzen Sie standardisierte Verträge und Normen.

Situation 7: Ihr Verhandlungspartner ist drängend, unfreundlich und unkooperativ.

Ihr Gegenmittel: Gehen Sie nach dem Motto vor: »Gleiches mit Gleichem vergelten«. Diese als Tit for Tat bekannte Strategie kommt aus der Spieltheorie. Als Tit-for-Tat-Spielerin spiegeln Sie das Verhalten Ihres Gegenübers. Hat Ihr Verhandlungspartner also gerade kooperiert, so kooperieren auch Sie. Hat er hingegen defektiert (ein Defektor reagiert drängend oder unfreundlich), so antworten Sie zur Vergeltung ebenfalls mit Defektion. Diese Strategie ist einfach. Sie lässt unfreundliches Verhalten eines Gegenübers nicht einfach durchgehen, während Sie gleichzeitig nicht nachtragend sind, weil Sie bereit sind, die Kooperation wiederaufzunehmen, wenn Ihr Gegenüber es auch tut.[80] Der Versuch es ist wert. Das Verhalten Ihres Gegenübers zu spiegeln, zeigt ihm, dass die Verhandlungsmacht auch auf Ihrer Seite liegt. Und sei es im Blockieren und Abbrechen der Verhandlung. Und es offenbart ihm die Möglichkeit, durch ein eigenes korrektes Verhandeln auch ein entsprechend korrektes Verhalten von Ihnen zurückzuerhalten. Er bekommt also die Entscheidung, wie er selbst behandelt werden möchte, in seine Hände gelegt.

»Erfolgreich Verhandeln ist 10 Prozent Technik und 90 Prozent Haltung. Um die richtige Haltung zu entwickeln, brauchen Sie drei Elemente: Realismus, Intelligenz und Selbstwertgefühl«, betont G. Richard Shell.[81] Und ich möchte ergänzen: Reflexionsvermögen.

Realistisch in Verhandlungen zu gehen, heißt, vorsichtig und vorbereitet zu sein. Ihr Schlüssel zum Verhandlungserfolg sind Informationen. Je geringer die ethischen Standards Ihres Verhandlungspartners sind, desto mehr Zeit, Energie, Wissen und Vorsicht werden Sie leider brauchen, um sich und Ihre Interessen zu vertreten.

Das alles kann man sich sparen, wenn man sich grundsätzlich vertraut. Das bedeutet: Ethisches Verhandeln ist auch ein ökonomischer Faktor!

INTER-
KULTU-
RELLES

30. Wenn andere Sitten gelten

Ich habe lange mit meinem Mann, einem Sinologen, in China gelebt und gearbeitet. Er leitete eine Fabrik, in der Plüschtiere hergestellt wurden. Es war eine ländliche Region, in der fast ausschließlich Chinesen lebten und arbeiteten. In vielen ländlichen Regionen Chinas ist es normal, dass man für 20 Kilometer drei oder mehr Stunden Fahrzeit braucht. Besucher aus dem Ausland müssen vom Flugplatz erstmal in die nächstgelegene Stadt kommen und von dort aus dann die Fahrt zu den meist außerhalb gelegenen Fabriken bewältigen. Das kann locker einen kompletten Tag einnehmen.

Weitblickende Fabrikmanager laden westliche Geschäftspartner deshalb gern zunächst in ihre Produktionsstätten ein, bevor sie mit ihnen Kooperationen aushandeln, mit dem Hintergedanken: »Die müssen mit eigenen Augen sehen und verstehen, wie die Dinge hier laufen. Sonst kriegen wir früher oder später ernsthafte Probleme miteinander, weil sie uns bei unvorhergesehenen Ereignissen oder Verzögerungen für inkompetent halten oder uns unterstellen, wir wollten sie durch Neuverhandlungen über den Tisch ziehen.« Tatsächlich wird ein Manager aus einer westeuropäischen Großstadt, der im ländlichen China etwas produzieren lässt, kaum zeitliche Verzögerungen im Produktionsablauf oder Kostensteigerungen durch Warentransport nachvollziehen können, wenn er die Verhältnisse nicht selbst einmal erlebt hat.

Denn wir haben immer zwei Möglichkeiten, das Verhalten anderer zu deuten: Ein Verhandlungspartner verhält sich mir gegenüber schroff, weil ich als Kundin für ihn uninteressant bin (das wäre seine individuelle Entscheidung) oder weil es in seiner Kultur nicht üblich ist, mit einer weiblichen Verhandlungspartnerin umzugehen (hier wären situative Umstände die Erklärung für sein Verhalten). Der Fabrikant fordert von mir die Vorauszahlung der Ware, weil er mir nicht vertraut – oder weil es seine finanzielle Situation nicht anders erlaubt. Gemäß Studien neigen besonders Nordamerikaner dazu, anderen individuelle Beweggründe für ihr Verhalten zu unterstellen. Was nicht verwunderlich ist, bedenkt man die individualistische Kultur der USA. Wie wir aber Vorgänge und menschliches Verhalten aus unserer eigenen Kultur heraus deuten, kann in interkulturellen Zusammenarbeiten zu krassen Missverständnissen führen.

Stereotypen lenken unseren Blick

Wenn Sie zwischen verschiedenen Kulturen verhandeln – so wie wir damals zwischen Westeuropa und China – ist es wichtig zu verstehen, was in der anderen Kultur »normal« ist. Wenn Sie die herrschenden Arbeitsstrukturen, die Werte und Normen der Kultur Ihres Gegenübers nicht kennen, sind Sie versucht, sein Verhalten automatisch aus Ihrer Perspektive einzuordnen. Den Einfluss von unterschiedlichen Gesellschafts- und Kulturkonzepten, aber auch den von Stereotypen, die wir mitbringen und die uns entgegengebracht werden, werde ich in diesem Kapitel schlaglichtartig beleuchten.

Kulturelle Unterschiede haben oft einen großen Einfluss darauf, wie die Beteiligten eine Verhandlung wahrnehmen und wie sie infolgedessen verläuft. In den verschiedenen Kulturen rund um den Erdball herrschen höchst unterschiedliche Normen, Traditionen und Verkehrssitten, wie offen und wie konkret Informationen in Verhandlungen dargelegt werden, wie viel Macht, Aggression und Emotionen offen gezeigt werden dürfen und wer verhandeln darf. In patriarchalen Kulturen haben (junge) Frauen als Verhandlerinnen einen schweren Stand; oft wird erwartet, dass Personen von gleichem Status miteinander verhandeln.

Häufig haben wir keine genaue Kenntnis von der Kultur, mit deren Vertretern wir verhandeln. Dann droht der unterschwellige Einfluss von Stereotypen, die wir mitbringen. Stereotypen sind in uns verankerte Vorstellungen und Bilder davon, wie Kulturen, Nationen oder Personengruppen agieren. Wir Deutschen werden beispielsweise von anderen Europäern als rationale, intelligente und pünktliche Zeitgenossen wahrgenommen; gleichzeitig aber (leider) auch als kalte und eher unfreundliche Personen.[82] Oder Frauen werden als Verhandlerinnen als nachgiebiger eingeschätzt als Männer.[83] Solche verallgemeinernden Zuschreibungen von Merkmalen beeinflussen oft unser Verhalten, ohne dass es uns bewusst ist.

Zum Beispiel die zwei Kriterien, nach denen wir andere Menschen beurteilen. In unserem Gehirn lauert nach wie vor die steinzeitliche Frage: Steht da Freund oder Feind vor mir im Wettbewerb um lebenserhaltende Ressourcen? Deshalb checken wir unser Gegenüber blitzschnell daraufhin, ob er mir schaden *will* (ist er gut- oder böswillig?) und ob er mir schaden *kann* (hat er die Fähigkeit dazu?). Wir beurteilen Menschen also danach, ob sie soziale Wärme ausstrahlen und danach, wie kompetent sie erscheinen und wie viel Tatkraft wir ihnen zutrauen. Diese zwei Kriterien vergeben wir – intuitiv – nach Status: Gesellschaftlich höher stehenden Personen und Gruppen trauen wir automatisch mehr Kompetenz zu. Wer im Wettbewerb mit mir oder meiner Gruppe steht, wird häufig als kalt und wenig sozial typisiert. Menschen, denen wir wenig Kompetenz und Wettbewerbsorientiertheit unterstellen – wie Alten oder Kindern – haben die Chance, als warm und sozial eingeschätzt zu werden.[84] Spannend daran ist, dass diese zwei Kriterien universell sind: Quer durch alle Kulturen stereotypisieren sich Menschen auf diese Weise!

Manchmal führt Small Talk zum Ziel

Daneben existieren die kulturellen Unterschiede. Zahlreiche Studien und Kulturtheorien versuchen, Unterschiede zu beschreiben und die interkulturelle Kommunikation zu erleichtern. Eine sehr einflussreiche Theorie stammt von dem US-amerikanischen Anthropologen Edward Hall, der 1976 seine Einsichten zu »High Context«- und »Low Context«-Kulturen darlegte.[85]

Aus Low-Context-Kulturen kommen beispielsweise wir Westler. Sie müssen nicht viel Vorwissen über mich und meine Kultur mitbringen, um erfolgreich mit mir zu verhandeln. Ich werde Ihnen recht deutlich erläutern, worum es mir geht, die Bedeutung meiner Aussagen liegt sozusagen an der Oberfläche meiner Worte. Ich werde Ihnen eine Menge Fragen stellen und mag es, die Dinge beim Namen zu nennen. Der Grund: Deutschland ist von vielen anderen Ländern und Kulturen umgeben, so dass mir früh klar wurde, dass die Traditionen meiner Familie für meine Nachbarn nicht selbstverständlich genauso gelten. Ich bin also explizite Erklärungen gewohnt.

Anders bei Vertretern aus High-Context-Kulturen, wie beispielsweise Asien und – nach meiner Erfahrung – auch Franzosen: Mein französischer Ehemann liebte den beziehungsfördernden Small Talk. Er gab stets eine Menge informelle Informationen über Ziele, Funktion und Geschichte der Firma, ehe er einige wenig konkrete Angebote machte. Das passte deutlich besser zu den Chinesen als meine – damals noch ungeschulte – Art, schnell und direkt zur Sache zu kommen.

In High-Context-Kulturen drücken sich Menschen oft sehr implizit aus. Ich muss schon gut hinhören, um das Gemeinte zu erfassen, das in elegante, blumige Aussagen voller Anspielungen eingebettet ist. Auch aufgrund des stark wirksamen Konzeptes des Gesichtwahrens und Gesichtgebens drückt beispielsweise ein Chinese sich wesentlich indirekter aus.[86] Der Umgang mit Menschen aus High-Context-Kulturen erfordert wesentlich ausgeprägtere Fähigkeiten, um zwischen den Zeilen lesen oder hören zu können und daraus Schlussfolgerungen zu ziehen. Besonders, wenn der Informationsaustausch noch mit einer zurückhaltenden Körpersprache vor sich geht. Ich erwarte von Chinesen weniger auf den Punkt formulierte Aussagen und weniger klar strukturierte Prioritäten; dafür erhalte ich umso mehr Informationen drumherum. Die dienen auch dazu, soziale Anknüpfungspunkte zu bieten. Denn bevor wir nicht mehrmals zusammen gegessen haben, uns »Freunde« nennen und eine solide Arbeitsbeziehung aufgebaut haben, können wir nicht miteinander ins Geschäft kommen. Der Prozess des Verstehens bei Vertretern einer High-Context-Kultur ist komplex – und nimmt wesentlich mehr Zeit und Geduld in Anspruch, als wenn Westler untereinander verhandeln.

Hinter Kulturunterschieden stehen oft grundverschiedene Auffassungen darüber, was die Kommunikation für das menschliche Miteinander leisten soll. Während Westler gern nach einer abstrakten

Wahrheit und objektiven Erkenntnissen forschen und sich dazu in konfrontativen Diskussionen ergehen, tendiert man in Asien dazu, Gegensätze auszubalancieren und im Konsens aufzulösen. Gemäß der Jahrtausende alten Parole: »Die Menschen gehen schon seit Zeiten irr. Darum bringt der Weise zusammen und trennt nicht.«[87] Das ist genau das Gegenteil von konfrontativer Gegenüberstellung! Viele asiatische Weisheiten wurden aus Beobachtungen und Erfahrungen gewonnen; Beziehungswissen hat einen großen Wert.

Nun werden Sie in Ihrem Business selten die Muße haben, die Kulturtraditionen Ihres Verhandlungspartners ausgiebig zu studieren, ehe Sie ausziehen, um neue Geschäftspartner aus einer der aufstrebenden Volkswirtschaften an Bord zu holen.

Wie bereiten Sie sich also auf interkulturelle Verhandlungen vor?

Stellen Sie Fragen wie eine gute Ärztin

Im Zweifelsfall gilt (wie immer): Hinschauen. Hinhören. Herausfinden. Mit genug Zeit im Gepäck. Und mit der Grundeinstellung: Ich bin hier nicht im Debattierclub, wo ich jemanden überzeugen will, sondern ich versuche mit allen meinen Sinnen, die verdeckten Motivationen hinter dem Verhalten und dem Gesagten zu erkennen.

Begeben Sie sich in die Rolle einer Fragenden – wie eine gute Ärztin, die ihr Gegenüber untersucht, indem sie freundlich Fragen stellt. Ihre Grundhaltung sollte sein: »lieber ernsthafte Untersuchung statt eifrige Überzeugung«.[88] Zulassen, Sicheinlassen und *zeitweise* Zustimmung ist eine ebenso ernsthafte und intellektuelle Herangehensweise, etwas zu erforschen, wie das bei uns vorherrschende kritische Denken, das sich oft von Anbeginn darauf konzentriert, Widersprüchliches und Angriffspunkte herauszufinden.

Wenn Mediatoren zwischen Streithähnen vermitteln, nutzen sie dazu gern Rollenspiele: Allein sich auf den Stuhl des anderen zu setzen, kann dabei helfen, dessen Perspektive nachzuvollziehen. Setzen Sie sich also ruhig in Gedanken auf den Stuhl Ihres Verhandlungspartners, oder wechseln Sie in der zweiten Verhandlungsrunde mal auf dessen Seite des Tisches.[89] Sie wissen doch: Motivationen verstehen und daraus

Hebelansätze zu gewinnen, ist das Schlüsselprinzip jeder Verhandlung. »Hilf mir, das zu sehen, was Du siehst, weil ich es nicht sehen kann.« Oder wie mein Verhandlungslehrer Matthias Schranner mal sagte: »Wenn die Verhandlung schlecht läuft, frage ich mich, was ich übersehen habe.«

Das Interview mit Isabelle d'Ambrosio-Pierre in Kapitel 33 enthält ein wunderbares Beispiel dafür, was es bringen kann, wenn Sie sich auf die Welt des anderen einlassen – auch wenn dieser Sie für Ihr Empfinden gerade völlig unpassend behandelt. Sie bleiben dann nämlich dabei, *für* eine *Sache* zu verhandeln und nicht *gegen* eine *Person*.

EIN PAAR WORTE ZUM SCHLUSS

31. Wie Sie vermeiden, sich selbst in die Quere zu kommen

Ich arbeite in der Film- und Medienbranche. Filmteams sind oft aus Leuten zusammengewürfelt, die sich vielleicht vom Hörensagen kennen, aber noch nie miteinander gearbeitet haben. Und die sollen dann von einem Tag auf den anderen schnell und effizient miteinander arbeiten – denn jeder Drehtag ist teuer.

Professionelle Filmcrews haben es raus, schnell gute Arbeitsbeziehungen aufzubauen. Ihr Geheimnis? Erstens: Alle gehen mit der Einstellung an die Arbeit: »Der andere ist ein Profi. Ich vertraue seiner Kompetenz.« Zweitens: »Wir arbeiten alle an demselben übergeordneten Ziel (den Film zu drehen).« Der entgegengebrachte Vertrauensvorschuss lädt die anderen ein, sich – über alle Geschlechter- und sonstigen Unterschiede hinweg – diesem positiven Vorurteil entsprechend zu verhalten. So entsteht ruckzuck eine gute Arbeitsbeziehung, auf deren Basis die Verhandlungen produktiv ausgetragen werden können, die die stressige Arbeit am Set mit sich bringt: Konflikte durch Wetterlagen aller Art (auch emotionale), Zeit- und Technikprobleme und vieles mehr. Diese meine persönliche Erfahrung deckt sich auch mit den Ergebnissen einer Studie.[90]

Mit welch innerer Einstellung wir an eine Verhandlung und unseren Verhandlungspartner herangehen, hat Auswirkungen darauf, wie wir unser Gegenüber wahrnehmen und selbst wahrgenommen werden. Andererseits brauchen wir aber eine unvoreingenommene Wahrnehmung, um aufkommende Optionen am Horizont zu erkennen und ein flexibles Denken, um sie in die Verhandlung zu integrieren.

Ein unlösbares Dilemma? Nicht, wenn Sie weiterlesen.

Regel Nummer eins gucken Sie sich einfach von den Filmcrews ab: Konzentrieren Sie sich auf die größeren, gemeinsamen Ziele (zum Beispiel ein für beide zufriedenstellendes Verhandlungsergebnis zu erzielen).

Regel Nummer zwei: Berücksichtigen Sie den Einfluss von Geschlechterstereotypen.

In unserer Gesellschaft gibt es – nach wie vor – bestimmte Erwartungen an männliches und weibliches Verhalten. Wenn Frauen dagegen verstoßen, indem sie als männlich geltende Verhaltensweisen an den Tag legen, kann das negative Konsequenzen haben – gerade auch in Verhandlungen.

Die Forscherinnen Bowles, Babcock und Lei[91] – deren geschlechterrelevanten Studien ich schon in Kapitel 2 vorgestellt habe – konfrontierten Teilnehmer beiderlei Geschlechts mit Frauen, die sich in Gehaltsverhandlungen stark fordernd verhielten. Ergebnis: Diese Frauen lösten bei ihrem Gegenüber (Männern wie Frauen!) deutlich negativere Reaktionen aus als nichtfordernde Kolleginnen. Damit nicht genug: Diese Frauen gingen am Ende auch mit geringeren Profiten aus der Verhandlung als die zurückhaltenden Verhandlerinnen.

So weit, so ernüchternd. Doch kein Grund, nicht weiterzulesen – die Lösung naht.

Die negative Bewertung des fordernden Verhaltens änderte sich dann, wenn die Frauen *vor* der Verhandlung ihre Motivation erklärten: dass sie nämlich in besorgtem Interesse für jemand anderen verhandeln würden. So konnte ihr Verhalten dem weiblichen Stereotyp der Fürsorge zugeordnet werden. Weibchen, die ihre Brut schützen, vergibt man ja auch ihre Aggression.

Als weibliche Verhandlerin stehen Sie also vor einer besonderen Herausforderung: Wenn Sie im Job Ressourcen wie Ihr Gehalt verhandeln wollen, müssen Sie mit direkten, nachdrücklichen Forderungen agieren – was bei Männern durchaus üblich ist. Da dieses Verhalten bei Frauen jedoch Erwartungen an die weibliche Nettigkeit verletzt, müssen Sie mit Widerstand und negativer Bewertung rechnen, nach dem Motto: »Mit ihrer Sozialkompetenz ist es aber nicht weit her.« Frauen, die sich in einer, bei Männern üblichen, dominanten Weise selbst darstellen, werden als fach- und sachkundig wahrgenommen, ihnen wird aber geringe Sozialkompetenz unterstellt. Dieser Mangel beeinträchtigt dann ihre wahrgenommene Employability (Beschäftigungsfähigkeit).

Auch Frauen in Führungspositionen, die versuchen, ihre Autorität in einer traditionell männlichen Art und Weise zu etablieren (zum Beispiel durch direkte Anordnungen), werden dafür strenger beurteilt als ihre männlichen Kollegen.[92] Wen wundert's, wenn manche sich da lieber zurückhält, weil sie ängstlich die sozialen Kosten scheut, die die Herren der Schöpfung nicht zu befürchten haben?

Das sollte *Sie* aber nicht abhalten. Greifen Sie zu einem Trick, und machen Sie Ihr forderndes Verhalten in den Augen der anderen akzeptabel, indem Sie betonen, dass Sie ja für das Team/die Firma/die Familie … eben im Interesse von jemand Drittem verhandeln und nicht (vor allem) in Ihrem Eigeninteresse. Tun Sie das besonders dann, wenn Sie eine Verhandlung kompetitiv führen. »Die Gehaltserhöhung ist nötig, weil: … ich eine Familie zu ernähren habe/… Gehaltsunterschiede im Team sich negativ auswirken/… es im Interesse der Firma liegt, dass zufriedene Mitarbeiter zu einem positiven Firmenimage beitragen«

Eine andere Variante erlaubt sich meine Bekannte Olga. Sie lässt im Vorfeld gern den Hinweis fallen, dass sie früher als Geschäftsführerin eines großen Filmstudios mit Studiobossen Millionendeals hart verhandeln »musste«. Wenn Olga sich dann in der aktuellen Verhandlung freundlich und kooperativ zeigt, sind alle erleichtert – weil sie mit einem anderen Verhalten gerechnet haben. Das funktioniert auch als Mannschaftskapitänin, Abteilungsleiterin oder Chefsekretärin.

Spielen Sie Ihre Trumpfkarte mit normativen Standards aus

Kommen wir zu den Stereotypen, die möglicherweise als richtungsgebende Komponente in Ihrem eigenen Kopf herumgeistern. Und mit denen *Sie* verhindern, genauso große Stücke vom Verhandlungskuchen zu kriegen wie Ihr männlicher Kollege. Einige traurige Fakten dazu:

Frauen gehen oft mit geringeren Forderungen in die Verhandlung.[93]

Frauen sind grundsätzlich weniger bereit, Verhandlungen zu initiieren, wenn Männer die Verhandlungspartner sind.

Frauen berichten über größeres Unbehagen als Männer beim Verhandeln und sie nehmen weniger Situationen als verhandelbar wahr.[94]

Wir haben schon in Kapitel 17 davon gesprochen, was es bewirkt, wenn Sie sich mit anderen vergleichen und klein machen. Ich hatte neulich im Coaching eine junge, international ausgebildete Hochschulabsolventin am Anfang ihrer beruflichen Karriere, die sich damit tröstete, dass sie zwar nicht so fachkompetent sei wie der tolle Kollege, dafür aber eine hohe Sozialkompetenz habe und mit allen gut auskomme.

Mit solch einem Mindset minimieren Sie von vornherein Ihre Handlungskraft. Sie werden sich in der Verhandlung weniger anstrengen, werden leichter nachgeben (nämlich um des sozialen Friedens willen) und sehr wahrscheinlich schlechtere Ergebnisse erzielen.

Mich schmerzt es, wenn ich junge Frauen so sprechen höre. Mich schmerzt es, wenn ich Ähnliches über gestandene Frauen lese: Wie im Fall der Agenturangestellten Maria, die feststellte, dass sie 800 Euro pro Monat weniger verdiente als ihr neuer Kollege, daraufhin kündigte und nun in einer gemeinnützigen Organisation arbeitet, wo sie einen schlechter bezahlten und obendrein befristeten Job hat und sich damit tröstet, dass ihre Arbeit dort mehr wertgeschätzt würde: »Das ist mir wichtiger als das Geld.«[95] Ich würde Maria gern fragen, warum sie das ökonomische Potenzial als nachrangig sieht. Warum forderte sie nicht ihren Teil vom Gehaltskuchen *plus* Wertschätzung?

Mein Schlussplädoyer am Ende dieses Kapitels lautet deshalb: Überlegen Sie sich genau, mit welchem Mindset Sie sich selbst für Verhandlungssituationen briefen wollen. Und fragen Sie sich, ob Sie wirklich den hohen Preis bezahlen wollen, den es kostet, dem Rollenstereotyp an weiblicher Nettigkeit zu entsprechen.

Falls Sie dazu nicht (mehr) bereit sind: Überwinden Sie Ihren inneren Widerstand und erlauben Sie sich, entschlossen aufzutreten. Setzen Sie zumindest einige Tipps dieses Buches um. Lernen Sie zu fordern – und überwinden Sie die irrationale Befürchtung, sich dadurch Beziehungen zu verderben. Solange Sie freundlich zum Menschen bleiben, können Sie in der Sache beharrlich bleiben. Ich bin überzeugt davon, dass sich Erfolg im Leben auch daran messen lässt, wie viele unangenehme Gespräche wir bereit sind zu führen. Denn schon Simone de Beauvoir erkannte: »Frauen, die nichts fordern, werden beim Wort genommen. Sie bekommen nichts.«

32. Was Sie sich – kurz gefasst – merken sollten

Herzlichen Glückwunsch! Sie haben sich jetzt viel Wissen angeeignet, mit dem Sie in Zukunft Ihre Verhandlungen erfolgreich bestehen können. Ich persönlich finde Zusammenfassungen immer hilfreich und biete Ihnen deshalb hier die wichtigsten Verhandlungstipps noch einmal im Überblick – unterteilt in Dos and Don'ts .

Zwei wichtige Grundsätze vorab:

1. Verhandlungen sind ein Spiel von Geben und Nehmen. Das ist das Grundprinzip! Gewöhnen Sie sich also daran, keiner Forderung zu entsprechen, ohne eine Gegenforderung ins Feld zu führen. Berücksichtigen Sie diese Tit-for-Tat-Regel bei Ihren Vorbereitungen ebenso wie bei Ihrem Verhalten im Verhandlungsprozess. (→ Kapitel 3/4/8/9/10/13/15/20/22/28)

2. Verhandlungen führen Sie immer mit dem Denkhirn – nicht mit dem Autopiloten, dem gefühlsteuernden limbischen System. Sorgen Sie dafür, dass Sie rational und denkfähig bleiben. Das funktioniert nur, wenn Sie sich nicht Ihren Emotionen hingeben. (→ Kapitel 3/22/23/24)

NÜTZLICHES HINTERGRUNDWISSEN

Don't	Do
Beim Verhandeln von Preisen oder Gehältern die Höhe der Forderung innerlich mit Ihrer Leistung oder Ihrem Selbstwert verbinden.	Preise und Gehälter sind zunächst einmal Zahlen, die nicht ursächlich verknüpft sind mit Leistungen – und schon gar nicht mit Ihrem Selbstwert. Nehmen Sie die Kombination von Ziffern und Leistungen bewusst vor. (➔ Kapitel 2/10)
Von »richtig« und »falsch« sprechen (= bewerten). Recht haben wollen. Auf der eigenen Position beharren.	Kritisch mit der eigenen subjektiven Wahrnehmung umgehen. Auf Gesichtswahrung des Verhandlungspartners achten, ihm Brücken bauen: ihm Argumente geben für die Rechtfertigung seiner Entscheidungen in seiner Community. Wertesysteme erkennen und normative Hebel anwenden. (➔ Kapitel 3/8)
Das, was ausgesprochen wird, für den Verhandlungsgegenstand halten. Ausschließlich sachorientiert verhandeln.	Auf soziale Bedüfnisse achten. Die bestimmen die oft unausgesprochenen Motivationen Ihres Verhandlungspartners – und können ausschlaggebend für seine (und ebenso für Ihre) Entscheidungen sein. (➔ Kapitel 5)
Automatisch davon ausgehen, dass Ihr Verhandlungspartner so tickt wie Sie (»Wir wollen doch alle kooperieren.«).	Ein Verständnis für verschiedene Verhandlungsstile entwickeln. Dränglern ruhig mal mit einem klarem Nein antworten. (➔ Kapitel 13)
Provozierendes Verhalten persönlich nehmen.	Männliche und weibliche Kommunikationstendenzen können verschieden sein: Status- versus Beziehungsorientierung. Erkennen Sie die verschiedenen Kommunikationssysteme, und lernen Sie sie anzuwenden. (➔ Kapitel 6)

Don't	Do
Moral: Rausholen, was rauszuholen geht.	Ihre Reputation hängt von Ihrer Verhandlungsmoral ab. Ihre Verhandlungspartner beurteilen, wie zuverlässig und ehrenwert sie Sie wahrnehmen. Mit unethischem Verhalten riskieren Sie den Verlust Ihrer Integrität und Ihres Selbstrespekts – und minimieren damit auch Ihre Durchsetzungskraft. (→ Kapitel 28)
Gesetz: Rausholen, was rauszuholen geht.	Rechtliche Vorgaben bestimmen Verhandlungsmethoden in Bezug auf Lügen und Täuschungsmanöver. Gemeinsame Bekannte und normative Standards können Ihre Schutzschilder gegen unethische Verhandlungspartner sein. (→ Kapitel 8/29)

VORBEREITUNG

Don't	Do
Vermuten.	Recherchieren. Was können Sie *vor* der Verhandlung über Ziele und Motivationen Ihres Verhandlungspartners herausfinden (Interviews/Social Media/Jahresberichte)? Was können Sie *während* der Verhandlung herausfinden (Fragen/Zuhören)? (→ Kapitel 7)
Sich über das eigene Ziel nicht klar sein. Zu wenige Forderungen haben.	Bereiten Sie sich vor: Minimal- und Maximalziele setzen. *Immer* mehrere Forderungen mit in die Verhandlung nehmen (Stichwort: geldwerte Vorteile). Je mehr Forderungen, desto größer ist Ihre ZOPA (Einigungszone). (→ Kapitel 9)
Forderungen einzeln nacheinander über den Tisch schieben.	In Relation verhandeln (Pakete packen) kommt der menschlichen Natur des Vergleichens entgegen und enthüllt schneller Präferenzen Ihres Verhandlungspartners (»Das kommt nicht infrage, aber darüber können wir sprechen«) (→ Kapitel 10)

Don't	Do
Taktik mit Strategie verwechseln. Entscheidungen Schritt für Schritt fällen. Pausen oder Druckmittel zur falschen Zeit einsetzen.	Taktiken sollten Ihrer Strategie dienen. Pausen, Allianzen oder informelle Gespräche sind taktische Mittel auf dem Weg zum Ziel. Erkennen Sie das *Window of Opportunity* (das Fenster der günstigen Gelegenheit) und nutzen Sie es. (→ Kapitel 12)
Sich selbst mit hohen Erwartungen unter Stress setzen. Angst haben, ohne Deal mit leeren Händen dazustehen.	Durch bewusstes Erwartungsmanagement setzen Sie Orientierungsmaßstäbe. Machen Sie sich auch klar, wo Sie stehen, wenn der Deal platzt. Doch verwechseln Sie das BATNA (beste Alternative zu einer verhandelten Vereinbarung) nicht mit einem erstrebenswerten Ziel. (→ Kapitel 11)

IM VERHANDLUNGSPROZESS

Don't	Do
Sofort zur Sache kommen.	Nicht nur Hunde beschnuppern sich bei der Begegnung. Small Talk gehört unbedingt zum Einstieg. Quer durch alle Kulturen baut informelle Konversation die Arbeitsbeziehung, den Rapport, zwischen Verhandlungspartnern auf. Denken Sie an das Drei-Phasen-Modell: 1. Einstieg, 2. Informationsaustausch, 3. Abschluss. Drängen Sie nicht, wenn Ihr Gegenüber vor dem Abschluss zögert. Investieren Sie dann erneut in Phase 1: Small Talk. (→ Kapitel 14)
Ihre Verhandlungsmacht unterschätzen.	Schauen Sie, welche Verhandlungshebel (Leverage) Sie finden können, um Ihre Verhandlungsmacht auszubauen. Adressieren Sie die Motivationen Ihres Verhandlungspartners. Fragen, zuhören, mitschreiben. (→ Kapitel 5/7/8/14)
Differenzen betonen.	Gemeinsamkeiten zusammenfassen (»Wir sind uns einig in Bezug auf...«), positive Atmosphäre wahren. (→ Kapitel 14/18/20)

Don't	Do
Abwarten. Dem Ankereffekt auf den Leim gehen.	Standards setzen durch Forderungen. Die erste Zahl ist ein Maßstab. Manchmal klingen präzise Beträge plausibler als gerundete Beträge. Hohe Beträge lösen Assoziationen an höhere Qualität aus. (→ Kapitel 15)
Der Verhandlungsordnung unausgesprochen zustimmen.	Mit der Agenda betreiben Sie Erwartungsmanagement und bestimmen die taktischen Schritte (was kommt wann und wie lange zur Sprache?). Durch das Setzen der Agenda manifestieren Sie zudem Führungsanspruch. (→ Kapitel 16)
Argumentieren, begründen, rechtfertigen, erklären. Kurz: sich um Kopf und Kragen reden.	Verhandlungen sind keine Diskussionsveranstaltungen, in denen die Qualität der Argumente den Ausschlag gibt. Im Gegenteil: Jedes Argument kann Gegenargumente nach sich ziehen. Forderungen sollten deshalb nicht ausführlich begründet werden. Ein Halbsatz mit »weil ...« reicht in der Regel aus. (→ Kapitel 17)
Worte wie »sollten/müssen« verwenden (lassen dem Verhandlungspartner keine Wahl), »aber« (kratzt an seiner Position), »falsch« (unterminiert seinen Status), »ich« (betont Eigeninteresse).	Konjunktivsätze mit »wäre/könnte/würde« drängen niemanden in die Ecke. Mit »und« (statt aber) und »wir« (statt ich) lassen sich sprachlich geschickt auch Differenzen verbinden. (→ Kapitel 18)
Mit »ich will ...«, »ich denke ...« sprachlich ausführlich Ihr Eigeninteresse in den Vordergrund rücken.	Mit Fragen holen Sie Informationen ein, zeigen Interesse und Verständnis am Verhandlungspartner, bauen Vertrauen auf und kaufen bei Bedarf Zeit. (→ Kapitel 18/19)
Drohen: »Wenn Sie nicht ..., dann werde ich ...«	Warnen funktioniert subtil, weil es das Kopfkino Ihres Gegenübers antriggert: »Was würde passieren, wenn wir uns nicht einigen?« (→ Kapitel 20)

Don't	Do
Sich von Emotionen leiten lassen: *re*agieren.	Agieren. Nicht unvorbereitet und ohne Strategie in Verhandlungen gehen. Erwartungsmanagement bei sich und dem Verhandlungspartner betreiben. Bei aufgewühlten Emotionen: pausieren oder abbrechen. (→ Kapitel 4/22)
Spannungen und negative Emotionen Ihres Verhandlungspartners ignorieren.	Emotionen vorsichtig sprachlich benennen: »Es scheint, Sie machen sich Sorgen um ...« (→ Kapitel 23)
Emotionalen Impulsen sofort Ausdruck verleihen.	Emotionen nur mitreden lassen, wenn Sie sie unter Kontrolle haben *und* sie authentisch sind. Zum Beispiel, um blockierende Verhandlungspartner in Bewegung zu setzen. (→ Kapitel 24)
Wichtige Verhandlungen allein führen wollen.	Verhandeln im Team ist gehirngerechtes Verhandeln. Ein (Mit-)Entscheider, der nicht vor Ort ist, hilft Ihnen, rationale Entscheidungen zu treffen und bei Bedarf Zeit zu schinden. (→ Kapitel 25)
Nicht auf Körpersprache achten. Sich unterschwellig von Körpersignalen beeindrucken lassen.	Körpersprache können Sie nicht willentlich über längere Zeit kontrollieren. Bringen Sie sich in die Stimmung für das, was Sie ausstrahlen wollen. Männer und Frauen verhalten sich häufig unterschiedlich im Move-Talk-Bereich. Lassen Sie sich von Dominanzgebärden nicht einschüchtern. Schärfen Sie Ihre eigene körpersprachliche Ausdrucksfähigkeit. (→ Kapitel 26)
Automatisch das Kommunikationsmedium verwenden, mit dem Sie sich am wohlsten fühlen.	Wählen Sie für Verhandlungen das passende Medium bewusst: E-Mails für reinen Informationsaustauch mit bereits bekannten Verhandlungspartnern, persönliche Kommunikation oder Telefon für den Beziehungsaufbau. Gemeinsame Humorerfahrungen (zum Beispiel miteinander lachen) helfen, Vertrauen aufzubauen! (→ Kapitel 27)

Don't	Do
So verhandeln, wie Sie es gewohnt sind.	Andere Länder, andere Verhandlungssitten. Achten Sie darauf, was in anderen Kulturen »normal« ist. In High-Kontext-Kulturen können Sie direkter und konfrontativer agieren als in (asiatischen) Low-Kontext-Kulturen. (→ Kapitel 30)
Wenig fordern aus Angst, es sich mit dem Verhandlungspartner zu verderben.	In Gesellschaften herrschen verschiedene (Geschlechter-)Stereotypen. Wenn Sie als Frau dominant auftreten, sollten Sie für taktische Balance sorgen: Betonen Sie in Ihren Argumenten die Sorge für andere. Handeln Sie sich nicht selbst herunter, in dem Sie in die Nettigkeitsfalle tappen und auf legitime Ansprüche verzichten. (→ Kapitel 31)

ABSCHLUSS

Don't	Do
Ärgerlich werden, wenn nachverhandelt wird.	Erzielte Verhandlungsergebnisse frühzeitig festklopfen (Vertrag, Anzahlung, etc.) Bei überraschender Nachverhandlung: Termin verschieben und neuen vorbereiten. Durch Fragen neue Hebelansätze herausfinden. (→ Kapitel 4/8)
Um jeden Preis weiterverhandeln (Über-Engagement). Verhandeln, wenn Emotionen hochkochen.	Verhandlungen in vier sozial verträglichen Schritten in die Sackgasse lenken. Später wieder aufnehmen. (→ Kapitel 21)
Am Ende eines guten Deals sichtbar triumphieren.	Gesichtswahrung Ihres Verhandlungspartners bis zum Schluss: Danken Sie ihm für sein faires Verhalten, würdigen Sie seine (Verhandlungs-)Kompetenz. Geben Sie ihm das Gefühl, seine Interessen durchgesetzt zu haben. So gewinnen Sie die Verhandlung *und* den Menschen. (→ Kapitel 3/7)

INTERVIEWS

Bange machen gilt nicht – Verhandeln ohne Angst und hochhackige Pumps

Gespräch mit Martina Klee über den Nutzen eines klaren Neins und das Verhandeln in einem männerdominierten Umfeld

Ich lernte Martina Klee auf der Business-Women-Veranstaltung in Frankfurt kennen. Ihre ruhige Art und klaren Statements machten mir schnell klar: Hier spricht ein Profi mit viel Berufserfahrung. Und von solchen Frauen lohnt es sich immer zu lernen!

Verhandeln ist eine Kernaktivität von Martina Klee (55). Sie ist seit 15 Jahren Betriebsratsvorsitzende bei der Deutschen Bank, wo sie im Bereich »IT and Operations« arbeitet, also »bei den EDV-Nerds, die programmieren und die Maschinen am Laufen halten«, wie sie es selbst beschreibt. »Es ist ein stark Männer dominiertes Umfeld, auch im Management.«

Als Betriebsratsvorsitzende verhandelt sie an mehreren Stellen und in verschiedenen Rollen. Zu ihrem Alltag gehören Verhandlungen innerhalb des Betriebsrats, dessen 21 Mitglieder nicht immer automatisch einer Meinung sind. Sie selbst hat drei Büroangestellte: »Da muss ich das Vorgesetzteninteresse gut vermitteln.« Martinas Verhandlungspartner auf Arbeitgeberseite sind zumeist Vertreter der Geschäftsleitung, des Vorstands und Personaler aus dem Human-Ressources-Bereich.

»Dabei geht es um Betriebsvereinbarungen, die sich beispielsweise um Arbeitszeitverteilungen drehen. Im Gesamtbetriebsrat verhandeln wir in Arbeitsgruppen, die den Personalabbau mit begleitet haben.« In den Gremien der Betriebsräte hat sie meistens die Position der Verhandlungsführerin.

Bei der Deutschen Bank ist Martina Klee seit 1992 – weil sie dringend einen Job brauchte und gut französisch sprach. »Ich kam eigentlich aus einem linksliberalen Umfeld, Banken waren da eher Systemfeinde.« Martina Klee liebte ihr Studium der Politikwissenschaften und Romanistik und »hätte das gern bis zur Rente weiter gemacht«. Doch nach sechs Jahren Studium blieb ihr nicht mal mehr Zeit, einen Abschluss zu machen. Ihre Mutter war krank und brauchte Unterstützung. Martinas Vater hatte sich abgesetzt, nachdem er sich elf Jahre lang von seiner berufstätigen Ehefrau das Studium hatte finanzieren lassen. Martina und ihre Mutter standen plötzlich allein da, ohne finanzielle Absicherung. Diese Erfahrung hat Martinas Haltung so geprägt, »dass ich sehr vehement auf dominantes Männerverhalten reagiere«.

Martina schulte um zur Anwendungsprogrammiererin. Ihr erster Job in einer französischen Firma war leitende Angestellte der IT. Als Berufsanfängerin. »Es war wirklich furchtbar. Ich habe quasi rund um die Uhr gearbeitet, drei Schachteln Zigaretten pro Tag geraucht.« Der Job endete im Desaster – denn die Firma, für die sie arbeitete, war durch unethisches Geschäftsgebaren gegenüber Kunden und Mitarbeitern regelmäßig in Bedrängnis. »Das haute mich aus den Pantinen. Ich kam ja aus einem behüteten universitären Umfeld, ahnungslos, was die knallharten Auseinandersetzungen in der Privatwirtschaft angeht. 1992 stand ich dann vor den Trümmern meiner gerade begonnenen beruflichen Existenz.«

Martina zog aus dieser Erfahrung wichtige Konsequenzen. »Ich hatte als Arbeitnehmerin damals so gut wie keine Schutzmechanismen. Das war auch der Grund, warum ich – zurück in Deutschland – in die Gewerkschaft eintrat. Aus Rechtschutzgründen. Weil ich mir geschworen hatte: Was dieser Arbeitgeber mit dir gemacht hat, das macht nie wieder jemand mit dir!«

Bei der Deutschen Bank betreute sie zunächst den Zahlungsverkehr mit französischen Banken. Von Anfang an war sie Betriebsratsmitglied, zunächst als Ersatzmitglied. 2001 ging sie dann in die Freistellung.

»Es gab eine Restrukturierung und infolgedessen eine Vakanz. Ich wurde gefragt, ob ich den Posten übernehmen wollte. Ich habe es gemacht, weil kein anderer da war – aus einer Art innerem Pflichtbewusstsein heraus. Was übrigens auch eine Ursache dafür war, das ich in dem Job in Frankreich scheiterte: Ich ließ mir Pflichten auferlegen, die gar nicht meine waren. Aber das konnte ich damals noch nicht unterscheiden.«

Vielleicht auch aus diesem Grund hält Martina das Wort Nein in Verhandlungen für so wichtig. »Um Positionen abzustecken«, sagt sie. »Manchmal muss man klarmachen: Bis hierhin und keinen Schritt weiter. Dann weiß auch der andere, woran er ist. Ich halte das für ein besonders wichtiges Lerngebiet von Frauen, weil wir das Neinsagen nicht unbedingt vermittelt bekommen.«

Wann man allerdings ein Nein in Verhandlungen einsetzt, ist situationsabhängig. »Es gibt Menschen, die können damit nur schwer umgehen. Es gibt aber auch knallharte Typen, da schadet ein klares Nein gleich zu Anfang nicht, nach dem Motto: Versuch's gar nicht erst! Das muss man einschätzen.«

Nein sagt die Betriebsratsvorsitzende ganz klar auch zu »ritualisierten Mammutverhandlungen«, wie sie beispielsweise bei Tarifverhandlungen üblich sind. »Wo man den anderen unter den Tisch verhandelt durch Zeit, indem man beispielsweise beschließt: Wir treffen uns dann um 22 Uhr wieder – obwohl die Verhandlungsrunde bereits frühmorgens losging. Das wird dann in der Hoffnung gemacht, dass der Verhandlungspartner so erschöpft ist, dass man die eigene Position durchboxt. Dabei spiele ich nicht mit, weil ich es für kontraproduktiv und der Sache nicht angemessen erachte.«

Systematisch gelernt hat sie das Verhandeln nicht, methodisches Arbeiten hingegen während des Studiums schon. »Ein Erfolgsrezept meiner Verhandlungsstrategie ist, dass ich immer die nötige Selbstironie und Distanz zum Thema habe. Ich versuche, das Verhandlungsthema von einer Metaebene aus anzuschauen, um auch der Gegenposition gerecht zu werden.«

Das Wichtigste für die Vorbereitung einer Verhandlung ist, »einen Standpunkt für sich zu erarbeiten«, sagt sie, »Es gilt, eine Position und eine Zielposition zu finden: Wo will ich hin und wo ist meine Kompromisslinie? Dazu brauche ich Antworten auf die Fragen: Was will ich erreichen? Für wen will ich das erreichen? Was ist das übergeordnete Ziel? Was sind Teilziele? Das muss methodisch erarbeitet werden. Was nicht bedeutet, dass man sich hinsetzt und eine Strichliste macht.

Aber ein grobes Konzept mache ich mir immer. Manches ergibt sich dann in der laufenden Verhandlung. Manchmal ändern sich die Rahmenbedingungen – dann muss man neu justieren, neu evaluieren und das Ziel möglicherweise neu ausrichten. Und man muss lernen zu erkennen, wann man ein Ziel aufgeben muss. Wann es sich nicht mehr lohnt, dieses Ziel weiter zu verfolgen. Womit männliche Verhandlungspartner meiner Erfahrung nach häufig große Schwierigkeiten haben.«

»Mein Selbstverständnis als Verhandlerin ist nicht, dass ich aus einer Verhandlung mit einem Maximum an durchgesetzten Forderungen rausgehe, sondern dass beide Seiten gesichtswahrend vermittelbare Ergebnisse vorlegen können«, sagt Martina. Sie unterscheidet sich darin ganz klar von denen, die bei Verhandlungen »den großen Zampano spielen wollen. Ich habe es häufig erlebt, wie Männer miteinander beispielsweise Restrukturierungsmaßnahmen verhandeln. Das läuft dann so ab: Der Arbeitgeber sagt: ›Wir wollen 500 Stellen abbauen.‹ Darauf die Betriebsräte: ›Nein, das geht gar nicht: Null Stellenabbau!‹ Dabei wissen alle, dass das keine ernst gemeinten Forderungen sind, weder von der einen noch von der anderen Seite. Oftmals haben sich die Parteien ja schon abends beim Bier geeinigt: ›Wir gehen da mit 200 raus. Dann habt ihr einen Erfolg, und dafür kürzen wir noch an einer anderen Stelle ein bisschen was weg für die Belegschaft.‹ Dann sieht das für beide aus, als hätte man ein Superergebnis erreicht. Aber solch ein Ergebnis ist nicht an den dahinterliegenden Prozessen orientiert, an ernsthaften Plänen. Solch ein Ergebnis ist vor allem eine Demonstration, die beiden Seiten Meriten einbringen soll. Derartige Rituale habe ich häufig erlebt und entschieden, sie zu ändern: Wenn ich in Verhandlungen gehe, gibt es solche Mätzchen nicht. Ich will in so einem Fall sehen: Was ist der dahinterstehende Businessplan, ist der solide? Was wurde nicht bedacht? Dazu muss ich natürlich ins Detail gehen. Ich führe aber auch nur Verhandlungen zu Themen, in denen ich mich auskenne. Und dann konfrontiere ich den Verhandlungsführer der anderen Seite in einem Vier-Augen-Gespräch mit meiner Sicht: ›In Ihrem Plan steht, dass 500 Arbeitsplätze abgebaut werden müssen. Wenn ich mir das genau angucke, sind es aber eigentlich nur 200. Wollen Sie nicht Ihren Plan korrigieren, und dafür passe ich auf der anderen Seite schon mal die entsprechende Haltung an?‹ Dabei achte ich auf das Gleichgewicht von Geben und Nehmen – deshalb heißt es ja auch Interessenausgleich.«

Ob Martina Kompromisse oder Win-Win-Lösungen aushandeln kann, ist themenabhängig, sagt sie. »Personalabbau kann man nicht auf Win-Win verhandeln. Da gibt es immer Verlierer. Ich kann dann nur darauf achten, dass die Verlierer gut ausgestattet werden.«

»Beim Verhandeln von Arbeitszeitmodellen hingegen war Win-Win machbar. Der Arbeitgeber kam mal mit der Forderung: ›Wir möchten einen Arbeitszeitrahmen von 0 bis 24 Uhr. ‹ ›Das ist ja eine tolle Idee‹, erwiderte ich, ›können wir machen‹ – und erntete verdutzte Blicke, weil kein Widerstand kam. ›In dem Fall möchten wir aber‹, fuhr ich fort, ›dass die Krankenstation rund um die Uhr besetzt ist, dass die Betriebsrestaurants von 6 Uhr morgens bis mindestens 22 Uhr besetzt sind, die Klimaanlage müsste rund um die Uhr laufen – das heißt, die ganze Infrastruktur muss angepasst werden. Das können Sie ja jetzt mal rechnen, und dann sprechen wir nochmal darüber, was Sie sich vorstellen.‹

Heraus kam dann ein Arbeitszeitrahmen von 6 bis 20 Uhr – weit weg von der ursprünglichen Forderung. »Das war ein Beispiel für eine Win-Win-Situation. Denn der neue Arbeitszeitrahmen ermöglicht den Kollegen und Kolleginnen, ihre Arbeitszeit neu aufzuteilen.«

Um ihre Verhandlungen »auf breite Füße zu stellen«, verhandelt Martina oft im Team. »Das bringt meist bessere Ergebnisse. Viel besser, als wenn einer alleine reingeht. Ich suche die Mitglieder meines Verhandlungsteams nicht danach aus, dass sie die gleiche Meinung haben wie ich, aber danach, dass sie menschlich miteinander harmonieren und sich als Team verstehen.« Vor der Verhandlung klärt sie im Team die jeweiligen Positionen zu Einzelthemen ab. »Jeder wird gehört, und jeder kann eine aktive Rolle einnehmen, aber es muss eine gemeinsame Zielsetzung geben«, lautet ihr Verhandlungsprinzip. In der Verhandlung wird dann viel über Blickkontakt geregelt.

Verhandlungserfolge misst sie mit klarem Maßstab: »Wie weit divergiert das Ergebnis von meiner Zielsetzung? Wie gut oder schlecht ist das Ergebnis für die Betroffenen? Als Verhandlungsführerin bin ich ja meistens nicht selbst betroffen. Aber ich muss den Betroffenen gegenübertreten können und muss vermitteln können, warum ich das so verhandelt habe und warum eventuell nicht mehr dabei herausgekommen ist.«

»Ich messe Erfolg aber auch daran, dass ich dem Verhandlungspartner hinterher noch in die Augen gucken kann, dass wir uns weiterhin respektvoll begegnen und es keine sichtbaren Niederlagen gegeben hat.« Wenn man sich anschaut, wie in den letzten Jahrzehnten Gewerkschaften mit Arbeitgeberverbänden gearbeitet haben, dann sind die erfolgreichsten Verhandlungen die gewesen, in denen sich die Verhandlungsführer sympathisch waren, hat Martina beobachtet. »Da kommt für die Beschäftigten immer mehr bei raus, als wenn zwei Hardliner, die sich nicht riechen können, aufeinandertreffen. Ich halte persönliche Sympathie in solchen Zusammenhängen für unschädlich. Weil es ja nicht heißt, das man seine Positionen aufgibt. Man muss gegenseitig darauf achten, das Gesicht des anderen zu wahren. Verhandlungen sind schließlich kein Kriegsschauplatz. Und so gehe ich vor: Ich schaue mir den Verhandlungspartner immer erst mal als Menschen an, der dieselben Grundbedürfnisse, Ängste und Hoffnungen hat wie ich.« Entsprechend spielt Small Talk bei ihr im verhandelnden Miteinander eine große Rolle. »Wenn ich den Verhandlungspartner – es sind ja meistens Männer – nach der Gesundheit seiner Frau oder seinen Kindern frage, hat das bahnbrechende Wirkung.«

Auch Martina Klee sieht Unterschiede darin, wie Männer und Frauen verhandeln. »Männer werden schnell autoritär, sprechen Machtworte, werden laut und brüllen, um ihr Gegenüber einzuschüchtern. Ich lache dann einfach – das erzeugt meist Irritation –, und dann sage ich: »Wenn Sie sich beruhigt haben und in normaler Tonlage sprechen, können Sie gern noch mal vorbeikommen, und dann reden wir weiter.« Das hat mit Respekt zu tun. Ich selbst poltere nicht – das passt nicht zu mir. Ich setze meine Spitzen und meine Kritik pointiert. Was mir wichtig ist: hart in der Auseinandersetzung, aber verbindlich im Ton. Leider werden Frauen in Verhandlungen häufig emotional; die Stimme wird unangenehm hoch, und manchmal gibt es sogar Tränen. Das erlebt man bei keinem männlichen Verhandlungsführer. Im Kontext von Verhandlungen finde ich das unangemessen. Und man kann es sich abtrainieren. Dann geht man eben mal raus und schreit draußen eine Runde.«

Einen »traurigen Klassiker« nennt Martina die Erfahrung, dass »wir Frauen nicht in der Lage sind, selbstbewusst unsere Gehälter zu verhandeln. Da sind Frauen in Verhandlungen echt im Hintertreffen. Weil sie häufig ihre eigenen Leistungen unterschätzen und die der anderen überschätzen. Frauen dürfen ihr Licht nicht unter den Scheffel stellen. Es ist ein Irrtum, sich grundsätzlich für schwächer zu halten als das Umfeld.«

»Ich arbeite in einem sehr männerdominierten Bereich, selbst wenn dort mittlerweile ein paar Frauen schlaglichtartig auftauchen. Doch in der Banken- und Versicherungswirtschaft und der Finanzdienstleistungsindustrie herrscht noch das alte Rollenmodell. Die meisten Männer in der obersten Führungsetage leben in einer Welt, wo die Frau zu Haus bei den Kindern ist und dafür sorgt, dass alles schön proper ist, wenn der Herr Topmanager nach Hause kommt. Das, was diese Männer zwischen Mitte 40 und Ende 50 zu Hause sehen, transportieren sie natürlich auch auf ihr berufliches Umfeld. Da wirken selbstbewusste, berufstätige Frauen eher ungewöhnlich. Deshalb rate ich jungen Frauen: Guckt euch an, mit welchen Männern ihr es zu tun habt, und passt eure Verhaltensweisen nicht an deren Lebensmodell an. Also agiert nicht mit Augenaufschlag, hochhackigen Pumps und engen Röcken. Das ist völlig kontraproduktiv. Frauen, die ernst genommen werden wollen, müssen über Inhalte kommen, mit Mut und Angstfreiheit. Es gibt immer wieder Einschüchterungsversuche – durchaus auch von Frauen in Führungspositionen, die versuchen, das Gegenüber klein zu machen: ›Ach, Mädchen, da hast du zu wenig Erfahrung – lass das mal. Ich weiß es besser, ich bin ja schon länger im Geschäft.‹ Mein Tipp: Lassen Sie sich davon nicht beeindrucken. Hören Sie sich ruhig an, was andere sagen, und versuchen Sie, das auf sich anzuwenden mit der Frage: Passt das für mich? Ist das meine Lebenswelt, von der gerade gesprochen wird? Wenn es nicht passt, heißt es keinesfalls, dass Sie mit Ihren Ansichten falsch liegen. Haben Sie den Mut, Ihr Statement dagegenzusetzen.«

Verhandlungen mit 50 Prozent Intuition und einem Arm voller Mäntel

Gespräch mit Isabelle d'Ambrosio-Pierre über das Verhandeln zwischen verschiedenen Kulturen und den Vorteil, sich einzufühlen.

Isabelle d'Ambrosio-Pierre arbeitet seit über zehn Jahren in Paris bei der Firma Valeo. Valeo ist ein weltweiter Partner der Automobil- und Nutzfahrzeugindustrie, ein Technologieunternehmen mit mehr als 110 000 Mitarbeitern in 33 Ländern. Als Global Director für den weltweiten Ersatzteilmarkt hat Isabelle dort eine hohe Position inne. Sie ist eine Businessfrau, deren elegante, feminine Erscheinung mich ebenso beeindruckte wie ihre sympathische und freimütige Art, ihre internationalen Verhandlungserfahrungen mit anderen zu teilen. Als ich sie in Paris auf einer Netzwerkveranstaltung kennenlernte, wusste ich sofort: Isabelles Perspektive ist eine echte Bereicherung für alle, die zwischen verschiedenen Kulturen leben und verhandeln. Ich war glücklich, als sie einem Interview mit mir zustimmte.

Isabelle hat in Bamberg Betriebswirtschaft studiert, bevor sie nach Frankreich auf eine internationale Businessschule ging. Bereits mit 22 Jahren hatte sie ihr Studium abgeschlossen und begann ihren ersten Job im Consultingbereich. Sehr schnell wurde ihr allerdings klar, dass ihr das nicht die erhoffte Erfüllung bringen würde. Während ihrer Beratungstätigkeit hatte sie erkannt, welch wichtige Rolle Analysen und Teamführung in der Arbeitswelt spielen, und wollte anschließend »richtig Verantwortung« übernehmen – nicht nur als besuchende Beraterin.

Also wechselte sie in eine deutsche Firma in die Abteilung Sales, Marketing und Brand Management – bis ein Headhunter sie für Valeo nach Frankreich holte. Hier fand Isabelle die Herausforderungen, die sie suchte: Acht verschiedene berufliche Aufgaben durfte sie bisher bei Valeo meistern, eine davon war der Aufbau von Geschäftsbereichen in verschiedenen Ländern.

»Ich bin eine Person mit Unternehmergeist. Was immer ich tue, ich möchte etwas erschaffen, etwas aufbauen«, beschreibt Isabelle sich selbst. »Das ist wichtig für mich. Und das ist für mich auch in Verhandlungen wichtig: Eine Verhandlung verfolgt nicht einfach nur ein Ziel, das es zu erreichen gilt. Eine Verhandlung ist ein Türöffner, um etwas möglich zu machen. Zum Beispiel, um eine Vision wahr werden zu lassen. Ich glaube an meine Visionen und teile sie gern mit meinem Team. Ich liebe es, ein Team aufzubauen und zum Erfolg zu führen.« Für Isabelle sind Verhandlungen deshalb »eine Art zu leben – und somit mehr als bloß eine professionelle Aufgabe.«

Diese Einstellung hat sicherlich auch mit ihrer multikulturellen Familie zu tun. Isabelle ist Tochter einer deutschen Mutter und eines italienischen Vaters, sie ist glücklich verheiratet mit einem französisch-spanischen Mann und Mutter eines Kindes. Ihr Leben inmitten dieser verschiedenen Kulturen und Mentalitäten trug – und trägt – dazu bei, ihre Verhandlungskompetenz frühzeitig zu entwickeln. Von Kindheit an verstand sie die Macht der Verhandlung. »Meine Eltern waren sehr verschieden – so wie Deutsche und Italiener im Allgemeinen recht unterschiedlich sind. Sie hatten extrem unterschiedliche Perspektiven auf die Realität. Und als Kind verstehen Sie schnell, wie Sie mit diesen verschiedenen Ansätzen umgehen, wie Sie diese nutzen und daraus Kapital schlagen können.« »Ich erinnere mich, als meine Eltern eine neue Küche planten. Ich war Teil dieses Projektes, weil Innenausstattung ein Teil meiner Ausbildung war. Meine Mutter wollte etwas Pragmatisches, rein Funktionales haben. Mein Vater hingegen legte viel Wert auf stilvolles Design und schmückendes Dekor. Sie hatten also genau entgegengesetzte Vorstellungen. Es gab einen langen Kampf zwischen den beiden, aber nach vielen Verhandlungsrunden zwischen uns dreien kam am Ende eine sehr schöne Küche dabei raus.«

Als Isabelle noch Geschäftsführerin von Valeos Exportabteilung war, kam es vor, dass sie morgens ein Meeting in Schweden hatte und abends ein Businessdinner in Marokko. Das hieß dann für sie: Verhalten und

Denken blitzschnell an die verschiedenen Kulturen anzupassen – dabei aber die eigene Authentizität zu wahren.

Isabelles Fähigkeit, sich mit offenem Geist und ein flexiblem Verhalten auf wechselnde Situationen und interkulturelle Kontexte einstellen zu können, bestimmt auch, wie sie an Verhandlungen herangeht: »Am Anfang tue ich mein Bestes, um meinem Gegenüber zuzuhören. Ich versuche, mich vollständig zu öffnen, um zu verstehen, in welchem Umfeld ich mich bewege. Dazu benutze ich alle Sinne – nicht nur rational-analytisches Denken. Bevor ich mich auf mein Verhandlungsziel konzentriere, will ich die Interessen meines Gegenübers verstehen. Denn wenn man nur darüber spricht, was man selbst will, ohne den anderen in seinem Kontext zu verstehen, dann ist es, als ob man ein Gemüsegeschäft betritt, mit dem Ziel, einen Pullover zu kaufen: Man wird den Pullover in einem Gemüsegeschäft nicht finden.«

Verhandlungsskills, sagt sie, waren für ihre Karriere entscheidend, weil sie durchgängig gebraucht werden. »Wenn jemand über Verhandlung spricht, stellt man sich sofort Leute vor, die mit Kunden über Verträge verhandeln. Aber das ist nur ein Teil. Ein anderer sehr großer Bereich sind interne Verhandlungen, zum Beispiel mit dem Management, um die Berechtigung dafür zu bekommen. Denn erst dann können externe Verhandlungen stattfinden.«

Isabelle hat zwar Verhandlungtrainings absolviert, aber am meisten gelernt hat sie beim Training on the Job. »Ein Teil ist, das Analysieren zu lernen. Aber der entscheidende Moment ist oft zu spüren, wann man ein Argument aussprechen sollte – und wann nicht.«

Ein Musterbeispiel für Isabelles adaptiven, kultursensiblen Verhandlungsstil ist eine Geschichte, die in Südkorea passierte. Für Koreaner ist es höchst ungewöhnlich, mit Frauen zu verhandeln. Das Ungleichgewicht der Geschlechter ist tief in dieser asiatischen Kultur verwurzelt. Das erlebte Isabelle am eigenen Leib, als sie mit ihren männlichen französischen Mitarbeitern aus dem Fahrstuhl des Firmengebäudes ausstieg, wo die Besprechung mit dem neuen Geschäftspartner stattfinden sollte. Ihre Mitarbeiter wurden freundlich begrüßt, Isabelle hingegen erhielt – ohne Willkommensgruß und innerhalb von Sekunden – von den Koreanern sämtliche Mäntel des Teams auf ihre Arme gepackt.

Weil sie die einzige Frau im Team war, hatten die Gastgeber sie automatisch als Assistentin ausgemacht.

Da stand sie nun, die Abteilungsleiterin eines Weltkonzerns, mit den Mänteln ihrer Mitarbeiter über den Armen, während das Team freundlich ins Konferenzzimmer gebeten wurde. Die Teammitglieder waren verwirrt. Sie schauten Isabelle fragend an, und erst als die stumm ein ›Okay – geht!‹ nickte, verschwanden sie mit den Gastgebern im Verhandlungsraum.

Isabelle stand also wartend im Flur, während im Raum auf den Chef der französischen Delegation gewartet wurde, der offensichtlich verspätet eintreffen würde. Der Patriarch des koreanischen Familienunternehmens begann das Meeting mit einer Einführung, bis auch sein Sohn auf der Bildfläche erschien. Der schaute sich die Liste der französischen Gäste an, entdeckte Isabelles Namen und – weil er international erfahrener war – dämmerte ihm das Missverständnis: Der Boss der französischen Delegation war die Frau, die man draußen stehengelassen hatte! Die Gastgeber öffneten die Tür und luden Isabelle mit einer tiefen, rechtwinkligen Verbeugung ein, in den Raum einzutreten. In den folgenden Stunden traute sich niemand, ihr in die Augen schauen. Das Verhandlungsergebnis war dann allerdings das beste in Isabelles gesamter Karriere …

»Diese Situation war eine echte Herausforderung, denn darauf war ich nicht vorbereitet. Aber wenn man die asiatische Kultur kennt, weiß man, dass es ein Fehler wäre, seine Gastgeber mit Worten auf ihren Irrtum hinzuweisen. Das hätte bedeutet, dass diese vor allen Anwesenden ihr Gesicht verlieren. Und das wäre eine Katastrophe für unser Treffen gewesen. Hinzu kam ein anderer Aspekt, den ich vermeiden wollte: Wenn ich den Raum betreten und mich erklärt hätte, hätte mich das in eine schwache Position gebracht. Denn wer seinen Status mit Worten einfordern muss, der hat ihn nicht.«

Diese Geschichte gibt auch Aufschluss über gutes Teambriefing bei Verhandlungen. »Wenn ich mich in solch einer Situation nicht auf mein Team hätte verlassen können, hätte das für mich als Verhandlungsführerin schlecht ausgehen können. Deshalb ist es wichtig, eine starke Arbeitsbeziehung zu seinen Mitarbeiterinnen und Mitarbeitern aufzubauen, um sich auf ihre angemessenen Reaktionen verlassen zu können. Ein Team muss einem vertrauen und folgen – auch wenn es nicht immer versteht, was ich gerade tue. Für eine Führungskraft mit einer schlechten Verbindung zum Team hätte diese Situation heikel werden können. Dann nämlich, wenn eines der Teammitglieder mein Verhalten so interpretiert hätte, dass er oder sie die Führung in der Verhandlung übernehmen soll. Aber in meinem Team tat das niemand. Sie blieben still sitzen und warteten auf mich, weil sie wussten: Das ist nicht Isabelles Art zu delegieren. Mein Team verstand also, dass hinter meinem Verhalten eine Taktik stand.«

Isabelle führt so oft wie möglich ihre Verhandlungen in Teams. »Im Team sind Sie immer stärker. Zum einen, weil Sie verschiedene Rollen einnehmen können. Zum anderen haben Sie Zeit zum Denken. Wenn andere Teammitglieder zeitweise die Führung übernehmen, haben Sie Zeit zu reflektieren, können Positionen nachjustieren und zu gegebener Zeit wieder selbst in Aktion treten. Wenn Sie allein verhandeln, haben Sie diesen Luxus nicht.« Isabelles Verhandlungsteam bespricht im Vorfeld immer »einen Handlungsstrang mit Meilensteinen und Zielen, der unser Antrieb ist. Ein Teil der Vorbereitung ist, im Voraus alle Fallen aufzulisten, die wir vermeiden wollen.«

Isabelle achtet zudem darauf, die passende Ausdrucksweise zu finden: in der Kommunikation zwischen den Geschlechtern und in der Kommunikation zwischen den Kulturen. »In den meisten Fällen äußern sich Männer direkter, Frauen eher diplomatisch«, sagt Isabelle. »Aber natürlich spielt auch der kulturelle Faktor eine große Rolle: In Japan wird niemand – einschließlich der Männer – direkt sein. In Deutschland hingegen wird Diplomatie häufig als Zeichen von Schwäche oder Inkompetenz wahrgenommen; selbst Frauen agieren hier weniger konziliant. Es hängt also sehr vom kulturellen *und* persönlichen Kontext ab, welches Verhalten einem hilft, Hindernisse in einer Verhandlung zu beseitigen. Die Fähigkeit, den richtigen Weg einzuschätzen, wächst mit der Erfahrung.«

Verhandlungserfolge definiert Isabelle mit einem besonderen Blick auf deren Nachhaltigkeit: »Eine Verhandlung, die Sie gewinnen, die für Ihr Gegenüber aber eine Niederlage ist, ist eine falsche, eine tote Verhandlung – langfristig gesehen. Wenn Sie durch kurzfristige Zielerreichung die Bereitschaft der anderen Seite zerstört haben, mit Ihnen arbeiten zu wollen, dann haben Sie auf lange Sicht gesehen verloren. Echter Erfolg ist, wenn die andere Partei das Gefühl von Win-Win hat. Allerdings sind die Prioritäten des anderen bisweilen schwer einzuschätzen. Und manchmal können Sie auf dem Weg zu Ihrem Ziel nicht in gleichem Maße die Arbeitsbeziehung schützen. Dann muss man entscheiden – oft innerhalb von Sekunden –, was einem wichtiger ist. Manchmal verlieren Sie auf der kurzfristigen Basis, gewinnen aber langfristig. Es ist eine fragile Angelegenheit, darin das Gleichgewicht zu halten.«

Drei Regeln aus Isabelles Toolbox für erfolgreiche Verhandlungen lauten:

1. »Gehen Sie nie in eine Verhandlung, ohne Ihr Vorgehen überlegt zu haben. Damit meine ich, die Taktik und Ihre Argumentationslinie definiert zu haben. Das heißt nicht, dass Sie Ihre Verhandlung so abspulen wie geplant. Höchste Priorität hat die Anpassung an die Situation. Seien Sie flexibel. Nehmen Sie Ihre Vorbereitungen einfach als Referenz.«

2. »Bereiten Sie Ihren Walk-away-Punkt vor.«

3. »Was auch immer passiert, sorgen Sie dafür, dass Sie mit abschließenden Worten die Atmosphäre ›auftauen‹. Manchmal beginnen Verhandlungen mit extrem entgegengesetzten Positionen – und manchmal kann diese Distanz auch nicht überbrückt werden. Aber was ich gelernt habe – auch aus persönlichen Fehlern –, ist: Verlasse niemals eine Verhandlung ohne versöhnliche Worte. Das ist wichtig, um Verwerfungen in der Kommunikation zu vermeiden. Sie müssen auf Ihren letzten Worte aufbauen können, wenn Sie später an den Verhandlungstisch zurückkommen.«

Für Berufsanfängerinnen hat Isabelle noch einen speziellen Ratschlag: »Rationalisieren Sie nicht zu sehr. Es geht auch darum zu spüren. Fühlen Sie sich in die Situation ein, in das Umfeld. Am Anfang meiner Karriere dachte ich, ich müsste nach Modell verhandeln, ein Modell, das viele im Kopf haben: von der perfekten Businesspersönlichkeit, die selbstsicher auf den Tisch haut, um ihre Forderungen zu untermauern.

Doch meine Erfahrung hat gezeigt, dass Sie erfolgreicher sind, wenn Sie die Verhandlung auf Ihre eigene Art und Weise vorantreiben. Entwickeln Sie Ihren persönlichen Stil! Wenn Sie ganz Sie selbst sind, können Sie für Ihr Gegenüber manchmal auf unerwartete Weise handeln. Wenn der andere überrascht ist, können Sie diesen Überraschungsfaktor nutzen. Verhandlungen sind ein Spiel zwischen Menschen. Wenn Sie versuchen, wie jemand anders zu agieren, weil Sie das für ein erstrebenswertes Vorbild halten, wird das jeder spüren. Sich zu erlauben, mit seiner eigenen Persönlichkeit aufzutreten und als authentisch wahrgenommen zu werden, ist hingegen eine starke Karte.«

Wertvolle Erfahrungen einer charismatischen globalen Verhandlungsführerin zum Erinnern: »Kopieren Sie kein Modell. Versuchen Sie nicht, nach Rezept zu verhandeln. Rationalisieren Sie nicht zu sehr. Führen Sie eine Verhandlung zu 50 Prozent mit Ihrer Intuition. Es ist wichtig, auf seine Intuition zu vertrauen!«

Dank

Es hat viele Jahre und mehrere Personen gebraucht, um dieses Buch zur Reife zu bringen.

Mein größter und innigster Dank gilt jenen zwei Frauen, ohne die es das Buch nicht gäbe:

– meiner Freundin und erfahrenen Kollegin Renate v. Samson-Himmelstjerna, die mich mit großer Sprachkompetenz und einem ausgewogenen Mix an Kritik und Ermutigung durch Höhen und Tiefen der Schreibarbeit begleitete.

– meiner Lektorin Danja Hetjens, die mir diese Publikation zutraute und mir zuverlässig zur Seite stand.

Ich danke all jenen Kolleginnen und Kollegen, Freundinnen und Bekannten, die mir ihre Geschichten erzählt und für das Buch zur Verfügung gestellt haben, unter ihnen Martina Klee und Isabelle d'Ambrosio-Pierre, die freimütig die wertvolle Essenz ihrer Verhandlungserfahrungen mit mir und allen Leserinnen teilen.

Ich danke zudem:

meinem Lieblingsjuristen Dirk, der mir half, Kapitel 29 rechtssicher aufzustellen,

Rüdi, für die Ruhe und Inspirationen, die er mir während meiner Schreibklausuren gab,

meinem ersten und wichtigen Lehrer Matthias Schranner,

dem US-amerikanischen Verhandlungsprofi und Autoren G. Richard Shell für seine Unterstützung,

jenen rücksichtlosen Verhandlungspartnern, die mich motivierten, die nötige Energie zu entwickeln, um mich verhandlungsstrategisch fit zu machen.

Die Fähigkeit, geschickt zu verhandeln, ist lebenslanges Lernen. Und so geht mein letzter großer Dank an all meine bisherigen und zukünftigen Seminarteilnehmerinnen und -teilnehmer, die mit ihren Erfahrungen und Einsichten meinen Erkenntnisschatz bereichern.

Anmerkungen

1 Chris Voss, Tahl Raz: *Kompromisslos verhandeln: Die Strategien und Methoden des Verhandlungsführers des FBI*, Redline Verlag, 2017.

2 https://www.glassdoor.com/research/studies/gender-pay-gap/

3 Diese Zahl entstand durch den Vergleich von Männern und Frauen, die mit demselben Jobtitel in demselben Unternehmen arbeiten und eine vergleichbare Bildung und Erfahrung aufwiesen. Es ist also eine sehr präzise Zahl.

4 Linda Babcock, Sara Laschever: *Women don't ask – Negotiation and the Gender Divide,* Princeton University Press, 2003.

5 Mehr Details dazu in: *Politisches Framing. Wie eine Nation sich ihr Denken einredet – und daraus Politik macht* von Elisabeth Wehling. edition medienpraxis, 2016, S. 48.

6 Das Hasenbeispiel und viele andere wunderbare Einsichten verdanke ich der Managementtrainerin Vera F. Birkenbihl, die bis zu ihrem Tod 2011 viele gut lesbare Bücher geschrieben hat, unter anderen *Psycho-Logisch richtig verhandeln*, mvg Verlag, 2005.

7 Auf Youtube auffindbare kurze Videos dazu: *Seeing the world as it isn't*, Vortrag von Daniel Simons, dem Leiter des Visual Cognition Laboratory an der University of Illinois, USA, *The door study* und *The Monkey business illusion*, die das Phänomen der »Change Blindness« (Veränderungsblindheit) eindrucksvoll aufzeigen. youtube.com/user/profsimons.

8 Dieses Zitat wird mal dem antiken Philosophen Sokrates zugeschrieben, mal dem Talmud, mal Anaïs Nin. Wer auch immer die Quelle dieser Weisheit ist – sie stimmt!.

9 Hauptautor Beau Willimon wusste sehr genau, worüber er schrieb: Er arbeitete mit an zwei Senatskampagnen (u. a. für Hillary Clinton) und zwei Präsidentschaftskampagnen (u. a. für Howard Dean).

10 Sie finden die Szene mit Kevin Spacey und Al Sapienza in den Rollen von Frank und Marty in Folge 5 der 1. Staffel, zwischen Minute 5:26 und 7:44.

11 Neurobiologen würden es so ausdrücken: Weil der Präfrontale Cortex,

das Denkhirn, mit der Stresschemie Cortisol überschwemmt ist, ist das rationelle Denken blockiert. Dann übernimmt das Limbische System, ein Gehirnteil, in dem unsere Gefühle verarbeitet werden, die Steuerung über den Menschen.

12 David Rock hat diese sozialen Bedürfnisse in seinem lesenswerten Buch *Brain at Work: Intelligenter arbeiten, mehr erreichen*, Campus Verlag, 2011, als SCARF-Model vorgestellt. Ich empfehle, es deutsch-griffiger als gut FASSB(ar)-Modell zu erinnern.

13 Diese Geschichte beschreibt G. Richard Shell, Verhandlungsexperte und Dozent an der Wharton School of the University of Pennsylvania in seinem Buch *Bargaining for Advantage. Negotiation Strategies for Reasonable People*, das bisher leider nur in englischer Sprache vorliegt (Penguin Books, 2006).

14 Die Kurzfassung dieser englischsprachigen Studie ist im Internet zu finden unter https://hbr.org/1995/09/the-power-of-talk-who-gets-heard-and-why.

15 Der deutsche Autor, Unternehmensberater und Professor Peter Modler erklärt das ganz wunderbar in seinem Buch *Das Arroganz-Prinzip* (Fischer, 2012). Der Vater von zwei Töchtern hat es sich zur Aufgabe gemacht, Frauen die »Fremdsprache« der Männer beizubringen, auch in Seminaren für weibliche Führungskräfte.

16 Ein abgewandeltes, legendäres Zitat von Marlon Brando als Mafiaboss Corleone in dem Film *Der Pate* von Francis Ford Coppola aus dem Jahr 1972.

17 Dale Carnegies Klassiker *Wie man Freunde gewinnt: Die Kunst, beliebt und einflussreich zu werden* von 1937 widmet sich umfassend der zwischenmenschlichen Kommunikation.

18 «Was interessiert mich mein Gerede von gestern«, sagte der surrealistische Künstler André Breton in den 1920er-Jahren. Sein Kollege Francis Picabia schenkte der Menschheit die Einsicht: »Unser Kopf ist rund, damit das Denken die Richtung wechseln kann.« Diese Sätze klingen deshalb witzig-provokativ, weil die meisten Menschen eben genau umgekehrt funktionieren: Sie weichen von einmal gefassten Meinungen nur schwer ab.

19 Ich möchte Ihnen nicht vorenthalten, dass es dazu interessante, kontroverse Meinungen gibt. FBI-Verhandler Chris Voss hält in seinem Buch *Kompromisslos verhandeln* (Redline Verlag, 2017) das Nein für wichtig, weil es der Verhandlungspartei die Möglichkeit gibt, sich abzugrenzen. Ich würde sagen: Bei unsicheren und kooperativ eingestellten Persönlichkeiten kann das gut funktionieren; bei drängenden Persönlichkeiten mit starken eigenen Überzeugungen ist es gut, zunächst eigene Statements inklusive der Nein-

Grenzziehung zu erlauben, um dann entlang dieser Grenze zum Beispiel mit der Empathieschleife weiterzuverhandeln.

20 Souad Mekhennet im Gespräch mit Literaturredakteur Ruthard Stäblein am 12.10.2017 auf der Frankfurter Buchmesse..

21 Tipp von G. Richard Shell, *Bargaining for Advantage*.

22 *Creating Value versus Claiming Value* lautet der Vorgang in der Fachsprache.

23 Die Kenntnis der *Multiple Offer Strategy* verdanke ich Leigh L. Thompsons Buch *The Truth About Negotiations*, Prentice Hall, 2007.

24 Diese Fragen entsprechen den Empfehlungen von Jeanne Brett von der Kellogg School of Management, USA, aus *Negotiating Globally: How to Negotiate Deals, Resolve Disputes, and Make Decisions Across Cultural Boundaries*, Jossey-Bass, 2014.

25 Wie FBI-Verhandler Chris Voss es nennt.

26 17.11.2017, 14:42 Uhr, dpa, AFP, t-online.de: http://www.t-online.de/nachrichten/deutschland/bundestagswahl/id_82720328/jamaika-gespraeche-gehen-in-die-verlaengerung-kann-nur-aufwaerts-gehen-.html.

27 Diese Empfehlung stammt aus dem Buch von David Rock *Brain at Work: Intelligenter arbeiten, mehr erreichen*.

28 Sie können hier den Tagesschaubericht nachlesen: https://www.tagesschau.de/ausland/macron-rede-107.html oder die Rede auf Deutsch übersetzt unter https://de.ambafrance.org/Initiative-fur-Europa-Die-Rede-von-Staatsprasident-Macron-im-Wortlaut herunterladen.

29 In *House of Cards* gibt es mehrere wunderbar gespielte Beispiele zu entdecken. Eines zeigt, wie Frank Underwood (Kevin Spacey) von Gillian Cole (Sandrine Holt) einen Gefallen erwirken möchte und dabei das *Window of Opportunity* nutzt (Staffel 1, Folge 10, ab Minute 15:53).

30 Wenn Sie tiefer einsteigen möchten: Der Fall »The Hanafi Hostage Situation« beschreibt eine geschickt verhandelte Geiselnahme mit unblutigem Ausgang 1977 in Washington D. C., in Shells Buch *Bargaining for Advantage*.

31 Das *Thomas-Kilmann Conflict Mode Instrument* (TKI) basiert auf der Typologie von Bell & Blakeney 1977. Wenn Sie wissen wollen, welchem Verhandlungsstil Sie zuneigen, können Sie unter kilmanndiagnostics.com einen kostenpflichtigen Test machen.

32 Gerald R. Williams *Legal Negotiation and Settlement*. Eine darauf basierende Wiederholungsstudie von Andrea Kupfer Schneider stammt aus dem Jahr 1999: *Shattering Negotiation Myths: Empirical Evidence on the Effectiveness of Negotiation Style*.

33 Aus dem lesenswerten Leitbild der Schweizer Ingenieursfirma: grunder.ch.

34 »Profis zahlen keine Centbeträge«, in: *Gehirn & Geist*, Nr. 2/2017, S.10.

35 Adam D. Galinsky & Thomas Mussweiler in ihrer 2001 im *Journal of Personal and Social Psychology* veröffentlichten Studie »First Offers As Anchors: The Role of Perspective Taking and Negotiator Focus«.

36 Karen E. Jacowitz, Daniel Kahneman: »Measures of Anchoring in Estimation Tasks«, in: *Personality and Social Psychology Bulletin 21*, 1995, S. 1161–1166.

37 Gregory B. Northcraft, Margaret A. Neale: »Experts, Amateurs, and Real Estate: An Anchoring-and-Adjustment Perspective on Property Pricing Decisions«, in: *Organizational Behavior and Human Decision Processes*, Vol. 39/1987, S. 84–97.

38 G. Richard Shell, *Bargaining for Advantage*.

39 Zitat Birgitta Wolff, Präsidentin der Goethe-Universität Frankfurt, in der *Frankfurter Allgemeinen Zeitung* vom 24.11.2015.

40 Chris Voss, Tahl Raz: *Kompromisslos verhandeln*.

41 Ellen Langer (Harvard University), Arthur Blank, Benzion Chanowitz (The Graduate Center City University of New York): »The Mindlessness of Ostensibly Thoughtful Action: The Role of ›Placebic‹ Information« in: *Interpersonal Interaction*, kurz und knapp erklärt unter: https://jamesclear.com/copy-machine-study.

42 Robert Sapolski, *Gewalt und Mitgefühl – Die Biologie des menschlichen Verhaltens*, Hanser Verlag, 2017, S. 863.

43 Zusammen mit Forschern verschiedenster Fakultäten gehört Ross auch zu den Gründern des Stanford Verhandlungszentrums *Stanford Center on International Conflict and Negotiation* (SCICN). Mehr über ihn unter: lee.ross.socialpsychology.org. Das Spiel, das Ross für das Experiment benutzte, war eine Variante des Gefangenendilemmas, einem Beispiel aus der Spieltheorie.

44 Elisabeth Wehling, *Politisches Framing – Wie eine Nation sich ihr Denken einredet und daraus Politik macht*, Herbert von Halem Verlag, 2016, S. 21 f.

45 Nathan Novemsky, Daniel Kahneman: »The Boundaries of Loss Aversion«, in: *Journal of Marketing Research*, Vol. XLII, 2005.

46 Wenn Sie sich weiter in die wunderbare Welt der Fragetechniken einlassen möchten, empfehle ich Ihnen dazu das Buch *Systemisches Fragen: Professionelle Fragetechnik für Führungskräfte, Berater und Coaches* von Andreas Patrzek, SpringerGabler, 2015.

47 Neil Rackham, John Carlisle im *Journal of European Industrial Training*, Vol. 2, No. 6, 1978.

48 G. Richard Shell – einer meiner favorisierten Autoren, und das nicht nur,

weil er die Verhandlungsethik im Blick hat. Die englische aktualisierte Ausgabe *Bargain für Advantage* vom September 2018 lohnt sich schon wegen der vielen aufschlussreichen Geschichten.

49 Präziser erklärt, handelt es sich um das Zusammenspiel von zwei Regionen in unserem sprachlich-rationalen Präfrontalen Cortex: dem DLPFC (dorsolateralen präfrontalen Cortex), der in der Schläfenregion sitzt. Dieses Hirnareal ist die Kommandostation für kühl kalkulierte, rechnerisch-rationale Entscheidungen. Durch den VMPFC (ventromedialen präfrontalen Cortex) sorgt das limbische System für den Einfluss von Emotionen auf unsere rationalen Entscheidungen. Im Alltagsjargon nennen wir das unser Bauchgefühl. Tatsächlich sitzt der VMPFC in der Mitte des Gehirns. Er ist wichtig für sozial-kompatibles Verhalten und für Entscheidungen in moralisch schwierigen Situationen. Wer tiefer in die Materie einsteigen möchte, dem sei Robert Sapolskys großartiges Buch *Gewalt und Mitgefühl* empfohlen, speziell S. 78 f.

50 Die Wahrnehmungsgenauigkeit ist bei positiven Gefühlen erwiesenermaßen höher. Was auch mit dem Ausstoß des Neurotransmitters Oxytocin zu hat, der für die soziale Kompetenz eines Menschen eine große Rolle spielt. Auch dazu mehr in Robert Sapolskis Buch *Gewalt und Mitgefühl*.

51 Meditation ist eine exzellente Methode, um seine Wahrnehmung zu schärfen und zu lernen, impulsives Handeln zu unterbinden. Die Kunst ist, den Zwischenraum zu entdecken zwischen der (angenehmen oder unangenehmen) Empfindung, die Sie in sich aufsteigen fühlen, und Ihrer Reaktion darauf. Wenn Sie in diesem Zwischenraum agieren können, gewinnen Sie Selbstbeherrschung.

52 Sie können die sehr lesenswerte Geschichte auch im Internet finden, zum Beispiel unter: https://www.borderline-beratung.com/28-paradigmenwechsel html

53 Die Vier-Phasen-Auflistung verdanke ich David Rock und seinem Buch *Brain at Work – Intelligenter arbeiten, mehr erreichen*. Die Übertragung auf Verhandlungssituationen ist in meinen Augen offensichtlich!

54 Das Federal Bureau of Investigation ist die bundespolizeiliche Ermittlungsbehörde der USA. FBI-Verhandler werden seit 1973 speziell ausgebildet. Viele von ihnen haben Bücher über ihre Erfahrungen und Methoden geschrieben, unter ihnen Chris Voss.

55 Meines Wissens geprägt von Roger Fisher/William L. Ury in ihrem Bestseller *Das Harvard-Konzept* von 1981 – ein Standardwerk der Verhandlungsliteratur, Campus Verlag, 2015.

56 Die weltweit bekannte und oft falsch zitierte Studie mit der 55-38-7-Pro-

zent-Regel von 1971 finden Sie unter https://praesentare.com/mehrabian-mythos-7-38-55 differenziert dargestellt.

57 Mehr dazu bietet der Artikel »The Science of Subtle Signals« von Mark Buchanan, in: *strategy+business*, No. 48, Autumn 2007, reprint no 07307 unter http://bit.ly/2GKW1Bc.

58 Dieses Modell beschreibt er in seinem Buch *Das Arroganz-Prinzip* und führt es in Seminaren höchst anschaulich vor Augen.

59 Hier können Sie sich 19 Sekunden lang hypnotisieren lassen: https://www.youtube.com/watch?v=W2l2kNQhtlQ.

60 FBI-Verhandler Chris Voss hat in seinem Buch *Kompromisslos verhandeln* die oben genannten zwei Sprechweisen ausführlich beschrieben – und eine, die weniger hilft. Letztere ist der autoritäre Tonfall. Na klar, denn der erzeugt Gegendruck.

61 Amy Drahota, Alan Costall, Vasudevi Reddya: *The Vocal Communication of Different Kinds of Smile*, University of Portsmouth, 2007.

62 Wunderbares Lernmaterial: Harvard-Forscherin Amy Cuddy spricht über den Einfluss unserer Körpersprache auf unseren eigenen Hormonspiegel: https://www.ted.com/talks/amy_cuddy_your_body_language_shapes_who_you_are?language=de.

63 Auch kurz unter MRT bekannt, entwickelt von Richard L. Daft und Robert H. Lengel. Das Modell sollte Managerinnen und Managern in Unternehmen helfen, effizienter zu kommunizieren. MRT erklärt, dass reichhaltigere, persönliche Kommunikationsmedien (wie eine Videokonferenz) im Allgemeinen für die Kommunikation von uneindeutigen, komplizierten Problemen effektiver sind als weniger reichhaltige Medien (wie E-Mail).

64 Emoticons sind Kombinationen von Buchstaben, Satz- und Sonderzeichen, wie :-) oder :(Die bunten kleinen Emoji-Bildchen kamen erst in den 1990er-Jahren auf. Neben Gesichtern gibt es mittlerweile auch Blumen, Tiere und so weiter, mit denen man hintereinander gereiht ganz eigene assoziative Erzähleben erschaffen kann. Für Verhandlungen würde ich den Einsatz eher sparsam empfehlen und nur, wenn Sie zu Ihrem Gegenüber bereits eine persönliche (Arbeits-)Beziehung haben.

65 Kathleen L. Valley, Joseph Moag, Max H. Bazerman: »A matter of trust: Effects of communication on the efficiency and distribution of outcomes«, in: *Journal of Economic Behavior & Organization*, February 1998.

66 Drei verschiedene Studien von Mintzberg (1973); Moore, Kurtzberg, Thompson & Morris (1999); und Purdy, J. M., Nye, P., & Balakrishnan, P. V. (2000). Nachzulesen in Adam D. Galinsky & Thomas Mussweiler: »First Of-

fers As Anchors: The Role of Perspective Taking and Negotiator Focus«, in: *Journal of Personality and Social Psychology*, 2001, Vol. 81, No. 4. S. 657–669.

67 Eva-Maria Pesendorfer, Sabine T. Koeszegi, *Hot versus cool behavioural styles in electronic negotiations: the impact of communication mode*, Springer 2006.

68 Wenn Sie tiefer einsteigen wollen: Unter https://bit.ly/2rdkb1T können Sie die 2008 veröffentlichte US-amerikanische »Mediensynchronizitätstheorie« herunterladen. Die Autoren Alan R. Dennis, Robert M. Fuller und Joseph S. Valacich untersuchten, inwieweit Medien »koordinierte Verhaltensmuster« hervorbringen »zwischen Individuen, die zusammenarbeiten«.

69 M. Citera, R. Beauregard, T. Mitsuya: »An experimental study of credibility in e-negotiations«, in: *Psychology & Marketing*, 2005, 22(2) sowie C. E. Naquin & G. D. Paulson: »Online bargaining and interpersonal trust«, in: *Journal of Applied Psychology*, 2003, 88 (1).

70 Terri R. Kurtzberg, Charles E. Naquin, Liuba Y. Belkin: »Humor as a relationship-building tool in online negotiations«, in: *International Journal of Conflict Management*, 2009, Vol. 20, No. 4. Viele der hier zitierten wissenschaftlichen Quellen verdanke ich Ingmar Geiger und seinem Onlinebeitrag »Greife ich zum Hörer, schreibe ich eine E-Mail oder sollte ich mich besser treffen? Die Rolle des Kommunikationsmediums in Verhandlungen«, in: *de.in-mind.org*, Ausgabe 2, 2013, https://bit.ly/2w23Py6.

71 Zitat von Thomas Carlyle, schottischer Philosoph und Historiker im 19. Jahrhundert.

72 Ekel hat eine biologische Schutzfunktion, die unsere Vorfahren davor bewahrte, giftige Nahrung zu sich zu nehmen. Nach der Theorie von Paul Rozin (University of Pennsylvania) hat sich der nützliche Widerwille Ekel im Lauf der Evolution auch auf die Regeln der Gemeinschaft übertragen. Auch Unrecht, Betrug und Mord ekeln uns an.

73 Zur Begriffsklärung: Moral bezeichnet die erlernten Werte unserer Kultur, Gesellschaft, Religion, die unsere Urteile und Handlungen bestimmen. Ethik ist der bewusste, reflektierte Umgang mit der Moral. Spannend in diesem Zusammenhang sind übrigens die Forschungen der Dual-Process-Theory (Joshua Green). Unter bestimmten Umständen, wie Zeitdruck, neigen wir dazu, automatisch zu reagieren – in unserem moralischen Standardsetting. Wenn wir mit unbekannten Problemen konfrontiert werden, dann können wir in den bewussten Modus wechseln: Wir denken länger nach und verändern unsere automatische Reaktion. Ethische Entscheidungen können also über zwei Wege getroffen werden, dank unserer kognitiven

Flexibilität. Wer ist sich schon über diese verschiedenen Wege unserer Urteilsbildungen bewusst?

74 G. Richard Shell, *Bargaining for Advantage.*

75 Jon Kabat-Zinn, in: *Das große Buch der Achtsamkeit – Die schönsten Texte zum Innehalten*, Alice Huth (Herausgeber), Fischer Taschenbuch, 2018.

76 Paragraf 242 regelt im Bürgerlichen Gesetzbuch (BGB) Schuldverhältnisse. »Leistung nach Treu und Glauben. Der Schuldner ist verpflichtet, die Leistung so zu bewirken, wie Treu und Glauben mit Rücksicht auf die Verkehrssitte es erfordern.«

77 BGB Paragraf 315 »Bestimmung der Leistung durch eine Partei (Abs. 1). Soll die Leistung durch einen der Vertragschließenden bestimmt werden, so ist im Zweifel anzunehmen, dass die Bestimmung nach billigem Ermessen zu treffen ist.« In Absatz 2 und 3 wird dann ausgeführt, was passiert, wenn die Bestimmung dem billigen Ermessen nicht entspricht.

78 Und zwar anhand eines Autoverkaufes. Nachzulesen in: Robert H. Mnookin, Scott R. Peppet, Andrew S. Tulumello: *Beyond Winning: Negotiating to Create Value in Deals and Disputes*, Harvard University Press, 2004.

79 Paragraf 263, Strafgesetzbuch (StGB): »(1) Wer in der Absicht, sich oder einem Dritten einen rechtswidrigen Vermögensvorteil zu verschaffen, das Vermögen eines anderen dadurch beschädigt, dass er durch Vorspiegelung falscher oder durch Entstellung oder Unterdrückung wahrer Tatsachen einen Irrtum erregt oder unterhält, wird mit Freiheitsstrafe bis zu fünf Jahren oder mit Geldstrafe bestraft.«

80 Ausführlich erklärt von Robert Sapolskys in *Gewalt und Mitgefühl* (Seite 447 f.), der auch darauf hinweist: »Immer-Defektoren, die gegeneinander spielen, erzielen beide das zweitschlechteste Ergebnis, das möglich ist. Doch ein kooperativer Tit-for-Tat Spieler, der es mit einem Immer-Defektor zu tun hat, schneidet noch schlechter ab, denn er erzielt in der ersten Runde das Weichei-Resultat, bevor er de facto zum Immer-Defektor wird. (…) Vergessen Sie die Frage, mit welcher Strategie die Kooperation am besten zu fördern ist; es geht darum, wie Sie überhaupt einen Anfang finden.«

81 G. Richard Shell, *Bargaining for Advantage.*

82 Dieses Ergebnis stammt aus der sehr aufschlussreichen Studie von Amy Cuddy und Kolleginnen: *Stereotype content model across cultures: Universal similarities and some differences*, 2009. https://www.ncbi.nlm.nih.gov/pmc/articles/PMC3912751/

83 Studie von Kray, L. J., Thompson, L., & Galinsky, A. D.: »Battle of the sexes: Gender stereotype confirmation and reactance in negotiations«, in: *Journal of Personality and Social Psychology*, 80, 2001.

84 Zitiert nach: Stéphanie Demoulin, Cátia P. Teixeira, *Mehr als reine Ideologie: Der Einfluss von Stereotypen in politischen Verhandlungen*, https://bit.ly/2JcoFQy.

85 Edward Hall, *Beyond Culture*, Anchor Books, 1976.

86 Ein wichtiger, grundlegender Wert in China. Das komplexe soziale Konzept regelt Statuswahrung und Respektsbekundungen im öffentlichen Umgang miteinander.

87 Aus dem chinesischen Klassiker von Laozi *Dao de jing* (Laotse tao te King), vermutlich um 400 v. Chr. entstanden.

88 Zitiert nach Deborah Tannen: *The Argument Culture: Stopping America's War of Words*, Ballantine Books, 1999.

89 Während ich dieses Buch schreibe, suche ich mir übrigens auch ständig neue Schreibplätze innerhalb der Wohnung. Das hilft, Geschriebenes immer mal wieder neu zu betrachten.

90 Germain, Marie-Line, Mcguire, David: »The Role of Swift Trust in Virtual Teams and Implications for Human Resource Development«, in: *Advances in Developing Human Resources*, 16, 2014, S. 356–370. Zitiert nach einem interessanten Video der Verhandlungsexpertin Prof. Jeanne Brett: http://www.kellogg.northwestern.edu/trust-project/videos/brett-ep-1.aspx.

91 H. R. Bowles, L. Babcock, L. Lei, »Social incentives for gender differences in the propensity to initiate negotiations: Sometimes it does hurt to ask«, in: *Organizational Behavior and Human Decision Processes*, 2007, Vol. 103, Nr.1, S. 84–103. Zitiert nach Stéphanie Demoulin, Cátia P. Teixeira, »Mehr als reine Ideologie: Der Einfluss von Stereotypen in politischen Verhandlungen«, in: *de.in-mind.org*, Ausgabe 2, 2013, https://bit.ly/2JcoFQy.

92 Das sind die Ergebnisse aus der Studie von Rudman, L. A.: »Self-promotion as a risk factor for women: The costs and benefits of counterstereotypical impression management«, in: *Journal of Personality and Social Psychology*, 74, 1998.

93 Leigh L. Thompson: *The Truth About Negotiations*, Pearson Education Ltd, 2008, S. 178 f.

94 Beide Forschungsergebnisse stammen aus der Studie von L. Babcock, M. Gelfand, D. Small, H. Stayn: »Gender differences in the propensity to initiate negotiations«, in: D. De Cremer, M. Zeelenberg, & J. K. Murnighan (Eds.): *Social psychology and economics* (pp. 239–259). Mahwah, NJ, US: Lawrence Erlbaum Associates Publishers, 2006.

95 »Gleiche Leistung, ungleicher Lohn«, in: *Die Zeit*, Nr. 2, 2017, S. 25.

Literatur

Vera F. Birkenbihl, »*Psycho-logisch richtig verhandeln*«, mvg-verlag, 1995

Jeanne Brett, »Negotiating Globally: *How to Negotiate Deals, Resolve Disputes, and Make Decisions Across Cultural Boundaries*, Jossey-Bass Business & Management, 2001

Dale Carnegie, *Wie man Freunde gewinnt: Die Kunst, beliebt und einflussreich zu werden* (1937), Fischer Taschenbuch, 2011

Stephen R. Covey, *Die 7 Wege zur Effektivität: Prinzipien für persönlichen und beruflichen Erfolg*, Gabal Verlag, 2005

Roger Fisher, William L. Ury, *Das Harvard-Konzept* (1981), Campus Verlag 2015

Edward Hall, *Beyond Culture*, Anchor Books, 1976

Fred Chip Heath und Jeffrey Dan Heath, *Switch: Veränderungen wagen und dadurch gewinnen!*, Fischer Verlag Taschenbuch, 2013

Rupert Lay, *Führen durch das Wort. Motivation, Kommunikation, Praktische Führungsdialektik*, Econ Verlag, 1999

Robert H. Mnookin, Scott R. Peppet, Andrew S. Tulumello, *Beyond Winning: Negotiating to Create Value in Deals and Disputes*, Harvard University Press 2004.

Peter Modler, *Das Arroganz-Prinzip: So haben Frauen mehr Erfolg im Beruf*, Krüger Verlag, 2011

Andreas Patrzek, *Systemisches Fragen: Professionelle Fragetechnik für Führungskräfte, Berater und Coaches*, SpringerGabler, 2015

David Rock, *Brain at Work – Intelligenter arbeiten, mehr erreichen*, Campus 2011.

Robert M. Sapolsky, *Gewalt und Mitgefühl – Die Biologie des menschlichen Verhaltens*, Carl Hanser Verlag, 2017

Matthias Schranner, *Der Verhandlungsführer. Strategien und Taktiken, die zum Erfolg führen*, dtv 2006

G. Richard Shell, *Bargaining for Advantage: Negotiation Strategies for Reaso-*

nable People, Penguin Books, 2006 (September 2018 in erweiterter Neuauflage).

Deborah Tannen, *The Argument Culture: Stopping America's War of Words*, Ballantine Books, 1999

Deborah Tannen, *The Power of Talk: Who Gets Heard and Why*, Harvard Business Review, September-October 1995, Reprint 95510

Leigh L. Thompson, *The Truth About Negotiations*, Pearson Education Ltd, 2008

Chris Voss, Tahl Raz, *Kompromisslos verhandeln: Die Strategien und Methoden des Verhandlungsführers des FBI*, Redline Verlag, 2017

Elisabeth Wehling, *Politisches Framing. Wie eine Nation sich ihr Denken einredet – und daraus Politik macht*, edition medienpraxis, 2016

Und als Anschauungsmaterial: Die ersten 3 Staffeln der US-Serie »House of Cards«, *Netflix* 2013